让知识成为每个人的力量

刘嘉

LECTURES ON
PROBABILITY THEORY

刘嘉 / 著

概率论通识讲义

新 星 出 版 社　NEW STAR PRESS

学习概率论拼的不是数学，而是语文

你肯定知道，要想了解当今前沿科技，不管是大数据、人工智能，还是生物医药、基因编辑，都绕不开概率论。

你肯定也知道，虽然爱因斯坦曾说"上帝不掷骰子"，但事实是，微观粒子的行为就是由概率决定的。随机和概率是这个世界的常态，也是这个世界的底色。

你肯定更知道，未来是不确定的，只要涉及选择和决策，就一定会用到概率思维。不管是想知道明天会不会下雨，出门要不要带伞，还是判断股市未来的涨跌，决定加仓或是卖出；不管是想知道新冠疫情什么时候会过去，还是要选择收益最大的方案……所有这些，都需要正确地判断概率。

所以，学习概率论，可以帮我们看懂前沿科技，理解现实世界，预知和抓住未来。

很多人觉得概率论特别难。抽象的公式、复杂的计算，想想都让人头大。我要做的，就是帮你扫清学习路上的障碍。

第一点，学习概率论并不需要很高的数学水平。

单纯的概率计算其实是非常简单的。举个简单的例子你就明白了。

老王家有两个孩子，已知老大是女孩，问另一个是男孩的概率是多少？这很简单，老大的性别已经确定了，老二要么是男孩，要么是女孩，所以另一个是男孩的概率就是 $\frac{1}{2}$ 嘛。但是，只要改变条件里的一个词，把"老大是女孩"变成"其中一个是女孩"，概率就变了。其中一个是女孩，两个孩子就有"女孩男孩""男孩女孩""女孩女孩"三种情况，其中有男孩的情况有两种，所以另一个是男孩的概率马上就变大了，从 $\frac{1}{2}$ 变成了 $\frac{2}{3}$。是不是很神奇？

事实上，好多概率题在求解时，更多的是考验你的语文能力，看你能不能正确理解题意、找到条件。很多人不会解概率问题，不是因为不会计算，而是因为没有审好题，没有理解题意。真正让他们失败的不是数学水平不够，而是语文能力不足。

在现实中，用概率思维进行决策的第一步，就是把现实问题变成一个概率问题，而这考验的也是理解问题、抓住关键信息的能力，所以具备一定的语文能力非常重要。

只要有一定的语文能力，学习概率论就会很有优势。相信我，只要语文能力过关，会基本的加减乘除四则运算，这本概率论通识讲义你就能看得懂。

第二点，我们每个人都有概率意识，只是没有形成系统化的思维。

朋友运气不好、接连倒霉的时候，我们会安慰他说："否极泰来，坏运气总会过去的"；早晨出门看到天边的朝霞，我们会知道今天很可能会下雨；投资理财，看到所有人都开始蜂拥着买股票、投基金，我们就知道风险越来越大，该撤就要撤。你看，每个人都有这种粗浅的概率意识。

网上有个很有意思的段子。

班里成绩倒数第一的学渣找到倒数第二的学渣说："一会儿考试让我抄抄答案呗！"倒数第二的学渣很高兴，心想我还不是最差的，比不上学霸，但比最后一名还是强的。结果考试成绩出来，倒数第二的学渣考了倒数第一，而倒数第一的学渣考了一个中等分数。为什么呢？倒数第一的学渣说："排除了咱俩的答案，选出正确答案的可能性果然提高了。"

连学渣都有碎片化的概率思维，我们当然更有。只是它们零散地存在于我们的头脑之中，没有经过系统化的整理。而这本书，就是要帮你完成整理工作，帮你把这些碎片拼接成一套系统化的思维。

本书共有7章。

第1章，介绍概率论的四大基石——随机、概率、独立性和概率度量。我争取用最短的时间，带你理解概率论的全貌。如果上帝在掷骰子，我们就看看他是怎么掷的。

第2章，学习概率计算。我会带你考量多个随机事件的综合概率，理解两种最基础的计算法则——加法法则和乘法法则，带你来看看上帝掷骰子的具体手法。

第3章，讲解概率论中最经典的内容——频率法，也就是用频率度量概率。我会把大数定律、数学期望、方差等概率论中最重要也最有用的知识掰开揉碎介绍给你。我们一起偷看上帝的安排，学会量化每一个随机事件和每一个选择的价值。

第4章，理解概率分布模型。你可能听过正态分布、幂律分布和泊松分布，它们其实就是一个个模型，代表了不同的规律。如果说上帝在掷骰子，我们就一起看看上帝总共有多少种不同的骰子。

第5章，展现贝叶斯方法的魅力。贝叶斯方法是人工智能、大数据领域的基础，具有从有限的信息里猜测上帝底牌的能力。有了这种能力，你也就可以更好地理解未来、预测未来，并抓住未来。

第6章，辨析频率学派和贝叶斯学派的差异，让你分清主观和客观问题，帮你构建概率论发展的大框架。

第7章，教你建立概率思维的三个方法，帮助你在生活中有效地提升概率思维。

第三点，这本书关注的是通识，而非公式。

"人生有三重境界，看山是山，看山不是山，看山又是山。"如果以看山这件事来类比数学学习，那么，数学家所研究的是"山"本身，因此他们要用公式精准地描述山上的一草一木、一沟一壑。而对普通学习者来说，他们更关注"怎么看这座山""怎么理解这座山"，是从更加通识的视角来思考。

所以在这本书中，我不会过多地给你讲解复杂的公式，而是会从通识的视角出发，为你展现概率论这座高山的全貌，让你用最短的时间，快速了解概率论这个年轻、基础，同时也非常重要的数学学科。

作为南京大学的副教授，我本科学的就是数学，我现在教学和科研的专业方向也是概率与数理统计。可以说，概率论是我的老本行。

这些年来，我一直是南京大学商学院MBA、EDP（高级经理人发展课程）的特约教师。把抽象的数学讲得生动、有趣，让你听得懂，还能获得一些启发，这事儿我擅长。我就是你通往概率论、培养概率思维的桥梁。

这本书脱胎于得到App的课程"概率论22讲"，书中做了必要的增补和调整，增加了更多的实例，调整了基本的结构和讲述的脉络。可以说，这是一本更容易阅读、更容易理解的通识讲义。

最后，感谢得到总编室的宣明栋老师、李倩老师，我的课程主编耿利杰老师，得到图书的负责人白丽丽老师，以及这本书的编辑郗泽潇老师，没有你们的指导、打磨和帮助，就不会有这本书。还要感谢所有听过我课程、跟我交流讨论过的朋友们，你们精彩的问题、深入的交流给了我很大的启发和信心。

罗素在写《数学原理》时说："我常常在想，我似乎身在隧道之中，而能否到达隧道的另一端却无从知晓。"每次看到这句话，我都心有戚戚焉。在准备这门课的内容以及这本书的写作过程中，我也一直身处隧道之中。

这本书献给我的女儿果儿，是你天使般的笑容，让我抵达了隧道的另一端。

0

序章
概率论全貌

在本书的开始，我想先带你俯瞰一下概率论这一学科体系的全貌，让你对这门学科有一个整体的初步认识。

赌局中止，赌金该如何分配

我想先从一个与概率有关的故事讲起。有一天，你和女朋友一起看澳大利亚网球公开赛男单决赛，对阵双方是费德勒和纳达尔，两个人势均力敌，外界普遍预测两人的夺冠概率是五五开。

你喜欢费德勒，视他为网坛传奇，王者归来。可是，你女朋友不这么觉得，在她眼里费德勒就是一个大叔，长得一般，打球好像也没那么劲爆，还是纳达尔好。你说费德勒技术全面，她说纳达尔长得帅；你说费德勒的打法极具观赏性，她说纳达尔长得帅；你说费德勒优雅内敛，体现了网球运动的内在精神，她说纳达尔长得帅……你们谁也说服不了谁，就要吵起来了。

薛兆丰老师在讲"阿罗不可能定理"时说，用钞票投票才是最好的选择。[1]所以你们就决定赌一把，每人拿出100块钱，

---

[1]　薛兆丰：《薛兆丰经济学讲义》，中信出版社，2018年，第496—499页。

合起来就有200块。费德勒拿了冠军，这200块就归你；纳达尔拿了冠军，这200块就归你女朋友。

我们知道，网球决赛是五局三胜制，只要赢三局，就赢得了最终比赛。你们俩一起看直播，打完第三局时，费德勒2∶1暂时领先。结果这时候，小区突然停电了。你们光顾着争论，手机也忘了充电。总之，没法及时知道比赛结果了。你们又不想干等着，希望现在就结束这个讨厌的赌局。

现在问题来了：在这样的状况下，这200块该怎么分呢？

各自拿走100块？你不干，你的费德勒领先，赢面大；200块都归你？你女朋友不干，费德勒暂时领先就一定会赢吗？纳达尔也有翻盘的可能呢。按说，费德勒2∶1领先，最后赢的可能性更大一些，你应该多分一点。在这一点上，你们达成了共识。可是多分多少呢？你们又吵了起来。

从全局角度看待问题

如果我是你们的邻居，听到你们的争吵过来劝架，你觉得我会怎么办？拿起小黑板，直接进行公式推演？那你就想多了，我会直接对你说："让着你女朋友不就得了，200块，又不是200万。"

这时候你不干了："让着我女朋友当然可以，但这不能解决问题。如果不是网球比赛，而是你和合伙人清算公司、评估资产然后拆伙呢？是你和投资人计算投资份额和利益分配呢？是保险公司和再保险公司解决复杂的风险分担问题呢？这些能说让就让吗？当然要搞明白、算清楚啊。"

　　好吧，那我们就算清楚。比赛没结束，什么情况都可能发生，在这个当下，比赛结果是个不确定的事情。怎么算呢？概率论就是解决这样的问题的。我们来分析一下：假设费德勒和纳达尔实力相当，每局输赢都是五五开，也就是说，两人每局获胜的可能性都是50%。一共5局，已经打完了3局，那后面2局就跟抛硬币一样。如果费德勒赢是正面，纳达尔赢是反面，比赛可能的结果就只有4种——正正、正反、反正、反反，见表0-1。其中，前3种结果都是费德勒最终赢得比赛，只有连续出现两次反面，也就是纳达尔连扳两局的情况下，他才能逆转获胜。

表0-1　费德勒与纳达尔可能的比赛结果

第四局	第五局	最终冠军	获胜方
正	正	费德勒	你
正	反	费德勒	你
反	正	费德勒	你
反	反	纳达尔	你女朋友

　　总之，后两局比赛的4种可能结果中，有3种结果对应着费德勒获胜，只有1种对应着纳达尔获胜。所以，你应该分200元的 $\frac{3}{4}$ ，也就是150元；而你女朋友应该分 $\frac{1}{4}$ ，也就是50元。

　　我讲完了，你和你女朋友肯定都无话可说，这个争执算解决了。

这里有个小问题需要注意，如果费德勒第四局获胜了，就赢得了全场比赛，不需要再打第五局了，为什么我们还要把第四局获胜后、第五局所有的可能结果都列出来呢？

原因是我们要保证每种结果出现的可能性是相等的，这样能够保证计算的直观与便捷。我们知道第四局为正的概率是50%，如果不列出第五局的情况，那么"第四局为正"这一种情况出现的可能性就是50%；"第四局为负、第五局为正"这种情况出现的概率有多少呢？结果为50%×50%＝25%。这样的话，两种情况发生的可能性就不相等了，最终计算双方获胜概率时也会比较复杂。

现在，如果我们把这个问题深入一下：还是五局三胜，还是小区停电，只不过是在费德勒1∶0领先的情况下停电了，这200块该怎么分呢？

解决思路是一样的，还是从全局的角度来看待问题，也就是把1∶0后每一局所有可能的比赛结果列一下，看看有多少种结果对应着费德勒获胜，有多少种结果对应着纳达尔获胜。我直接说结果——还有4局比赛，一共有16种结果，这16种结果出现的可能性都相同，而其中，11种结果对应着费德勒获胜，5种结果对应着纳达尔获胜，具体分析见表0-2。换句话说，你应该分200块的$\frac{11}{16}$，也就是137.5元。

表0-2　费德勒1∶0领先后可能的比赛结果

第二局	第三局	第四局	第五局	最终比分	最终冠军
正面	正面	正面	正面	5∶0	费德勒
			反面	4∶1	费德勒
		反面	正面	4∶1	费德勒
			反面	3∶2	费德勒
	反面	正面	正面	4∶1	费德勒
			反面	3∶2	费德勒
		反面	正面	3∶2	费德勒
			反面	2∶3	纳达尔
反面	正面	正面	正面	4∶1	费德勒
			反面	3∶2	费德勒
		反面	正面	3∶2	费德勒
			反面	2∶3	纳达尔
	反面	正面	正面	3∶2	费德勒
			反面	2∶3	纳达尔
		反面	正面	2∶3	纳达尔
			反面	1∶4	纳达尔

在这种情况下，如果费德勒第二、第三局获胜，就赢得了全场比赛，但我们还是把所有可能情况都列了出来，保证每种情况发生的概率相等，从而使得最终的概率计算更加方便。

除了用来分钱，$\frac{11}{16}$——也就是68.75%——这个数值还有什么意义呢？你肯定想到了，它还代表了费德勒在 1：0 领先时，最终夺冠的概率。而 2：1 领先的时候，费德勒夺冠的概率是多少呢？前面讲了，$\frac{3}{4}$，也就是 75%。你看，随着局势的变换，他最终夺冠的概率也在不断变化。

概率论的本质

上面的故事虽然是我虚构的，但却从本质上揭示了概率论解决问题的思维框架。

澳大利亚网球公开赛男单决赛的第四局谁会赢，我不知道；最后谁拿冠军，我也不知道。就像抛硬币时下一次是正面还是反面，掷骰子时下一把是什么数字，明天的股票会涨还是会跌，买的彩票会不会中奖这些事情一样，它们的结果都是随机的，是不可预测的。但在停电的当下，我们如何分这 200 块钱，却是确定无疑的。

概率论解决随机问题的本质，就是把局部的随机性转变为整体上的确定性。

这不仅是概率论的思想基石，也是概率论作为一种数学工具的基本思路。有了概率论，我们就能对生活中随机的事情，以及未来发生的随机的事情，做出数学上确定性的判断。

我们都知道量子力学中那只和 Hello Kitty 齐名的薛定谔的猫，我们不知道那只猫下一秒是生还是死，但它生死可能性的叠加态是确定的；我们不知道对冲基金明天会涨还是会跌，但在基金公司的模型里，套利收益的预期是确定的；我们不知道明天彩票开奖的数字是什么，但彩票公司这期彩票的收益率是确定的。甚至对于一座城市，哪些家庭今天会生孩子、婴儿会在哪一刻诞生，这些都是随机的、未知的，但是从整体上看，这座城市的出生率、每年新生儿的数量，却是大致确定的。

概率论不是帮你预测下一秒会发生什么，而是为你刻画世界的整体确定性。这可能会让你感到意外，但这就是概率论的本质。

某一次的结果，是低层次的、随机性的事件；而概率论，是高层次的、确定性的认知。正是基于这种整体的、全局性的思考框架，概率论才成为众多学科的基础。

彩蛋时刻

怎么让人知道你是概率论的行家呢？你可以跟他聊聊概率论的起源。教你三个词——帕斯卡、16540729和赌金分配。

第一个词：帕斯卡。

每个行业都有祖师爷。要论概率论的祖师爷，排第一位的一定是布莱士·帕斯卡（Blaise Pascal）。他和提出"费马大定理"的皮埃尔·德·费马（Pierre de Fermat）一起创立了概率论。

帕斯卡是个神童。神到什么程度呢？他16岁时就证明了著名的六边形定理：圆锥曲线内接六边形的三对边延长线的交点共线。看不明白没关系，你只要知道这个定理现在被称为"帕斯卡定理"就行了。19岁时，帕斯卡发明了现在我们用的计算器的前身——数字计算器。20多岁时，他提出了真空的假设，制作了水银气压计，测量并得出了气压随海拔变化而变化的规律。现在压强的单位"帕斯卡"（简称"帕"），就是用他的名字来命名的。

第二个词：16540729。

这个数字是很多人认为的概率论诞生的时间——1654年7月29日。在那天，帕斯卡给费马写了一封信，讨论了一个关于赌博的现实问题。因为这个问题，两个人又通了很多封信。可惜那时候没有微信，不然他们的沟通效率会更高，说不定可以为科学做出更多贡献。

在同一时期，几乎所有知名的科学家都不约而同地参与到了对概率问题的讨论之中。那时，科学家并不知道具体什么时候会建立概率论这样一门新鲜的数学学科，但概率论确实是呼之欲出的。

第三个词：赌金分配。

帕斯卡和费马在信中讨论的是什么问题呢？就是赌金分配问题。也就是，如果赌局被迫中止，双方该如何分钱？这和前面讲的你和你女朋友看网球比赛打赌分钱的问题是一样的。

自从帕斯卡和费马花了几个月通信解决了赌金分配问题，17世纪之后的很多科学家持续跟进，从克里斯蒂安·惠更斯（Christiaan Huyghens）对帕斯卡解法提出期望值，到雅各布·伯努利（Jacob Bernoulli）提出大数定律，到亚伯拉罕·棣莫弗（Abraham de Moivre）提出正态分布，他们都是跟从帕斯卡和费马的思路，一砖一瓦地构建着整个概率论的大厦。

在概率论的历史上，赌金分配问题是一个奠基性的问题，也是传播最广泛的问题。正是因为这一问题的提出和解决，概率论这门学科才正式诞生。

话又说回来，概率论为什么会诞生在17世纪？17—18世纪最杰出的一批数学家为什么会跟进帕斯卡和费马的讨论？除了概率论真的很有意思，还有什么其他原因吗？我个人认为，还有一个重要因素是帕斯卡和费马运气很好，赶上了一个好的时代。

17世纪正是欧洲经历了快速发展和变化的时期，商人们开始创建更复杂的金融体系，最初的风险投资和规范的借贷行为也开始出现。每个当事人都想知道，在经营顺利的情况下如何公平地分配利益，在经营不佳的情况下又该如何公平地分担风险。早期的数学家们提出的赌博问题，实际上是用赌博的语言来叙述风险和利益分配的问题。赌博问题、赌金分配问题会大量涌现，数学家们会不断跟进研究，很可能是由现实中的经济问题催生的。正是因为概率论研究的数学问题存在着现实意义，概率论这门学科才得以诞生和发展。

本节思考题

现实生活中，你有没有遇到过把局部

随机性转变为整体确定性的例子呢？

扫描二维码
查看解析

第1章

概率论的四大基石

大厦之所以能平地而起，是因为有牢固的基石。而概率论这座宏伟的大厦，也有四块不可动摇的基石：随机、概率、独立性和概率度量。这一章，我们就走近概率论这座大厦，仔细查看它的四块基石。

1.1 随机：随机和不确定是一回事吗

序章里提到，概率论解决问题的思路是把局部的随机性转变为整体的确定性。这句话里有一个很重要的词——随机。问题来了，到底什么是随机呢？

随机就是不可预测

生活里，我们经常会用到"随机"这个词：听歌时，我们可能会选择"随机播放"模式，也就是说，我们不想知道接下来播放哪一首歌，音乐软件帮我们挑一首就行；逛街时，我们可能会被拦下填写问卷，对方会告诉你，他们是随机选择填写者的，事先并不知道会选中你；打篮球投篮时，我们会说这次投篮是否命中是随机的，无法预测……

我们常常用到"随机"这个词，但是，到底什么是随机呢？

我们似乎模模糊糊地知道随机是什么，可是真要解释一下，好像又不太能说得明白。

其实不光我们说不明白，数学家们争论了这么多年，也没法给出一个统一的定义。他们能达成的唯一共识是——**随机就是不可预测**。我们说一件事情是随机的，指的是这件事发生的结果是不能被预测的。

随机性不等于不确定性

很多书籍、文章都会告诉我们，随机是不可预测，而不可预测就是不确定，所以随机性和不确定性是一回事。但事实上，这两个概念并不等同。

随机性和不确定性最大的差别在于，事件可能出现的结果是否可知。

简单地讲，随机性是指事件可能出现的所有结果我都知道，只是不知道下一次会出现哪种结果。比如，随机播放音乐时，虽然不知道接下来会播放哪一首，但歌单里总共10首歌，下一首肯定是这10首里的一首；在街上被拦下填写问卷时，虽然对方不知道被选中的是谁，但是"每走过10个人就拦下一个"的规则是提前设计好的，被选中的人一定在刚刚路过的10个人里；打篮球时，虽然不知道下一次投篮会不会命中，但只有投中和投丢两种可能的结果。你看，随机事件所有可能的结果都是可知的。

而不确定性，则是指我们完全不知道事件可能会出现哪些结果。比如，我今天出门会发生什么事情就是不确定的，而不是随机的。因为可能发生的事太多了，如堵车、下雨、碰到熟人、捡到钱，等等，根本没法穷尽所有可能的结果。

只有知道了事件全部可能的结果，才能分析各种结果的概率；不知道事件全部可能的结果，就没法深入研究。所以说，概率论面对和处理的是随机性，而不是不确定性。随机事件的结果选项具有可知的特性，这是概率论发挥作用的基础。

从本质上来说，**不确定性包含随机性，随机性是不确定性的一种类型**。

拿我们熟悉的"黑天鹅事件"和"灰犀牛事件"这两个概念来说，前者作为无法预知的意外事件，其特点就是不确定性。因为黑天鹅事件中新风险的类型无法知晓，所以这类事件没法用概率描述。而后者作为可以预见的潜在风险，其特点就是随机性。因为灰犀牛事件中的风险类型是已知的，你知道它很可能发生，只是不知道什么时候发生，这就是随机性。所以说，黑天鹅事件不是概率论讨论的内容，灰犀牛事件则属于概率论研究的范畴。

当然，很多不确定性事件是可以转变成随机性事件的。比如，对于"我今天出门会发生什么事"这个问题，由于可能的结果没法穷尽，因而这是个不确定性问题。但如果把问题修改一下，变为"今天出门遇到的第一个人，是我认识的人还是不认识的人呢"，就把不确定性问题变成了随机性问题，变成了"可能遇到认识的人或不认识的人"的概率问题了。

遇到不确定性问题时，尽量把它们转变为随机性问题，这样就可以用概率的方法去研究它们了，这也是应对不确定性问题的科学方法。

真随机、伪随机和效果随机

在数学中，我们可以对一个概念给出精确的定义；但在现实世界中，真实情况始终会与数学定义有一些误差。以"圆"这个概念为例：数学中，我们可以定义一个标准圆；但在现实世界里，我们永远见不到一个绝对标准的圆。无论你画得多精准，肯定都会存在误差。但是没关系，只要从效果上来说是圆形的，我们就可以认为它是圆的。比如硬币、井盖和"天宫一号"的对接口，虽然它们不是绝对意义上的圆形，但我们仍然认为它们是圆的。

随机也是如此。数学中定义的随机，在逻辑上就是绝对不可预测，这也是随机的理想状态，这种随机我们称为真随机。

世界上有没有这种绝对不可预测的真随机现象呢？如果你去问物理学家，得到的答案可能是四个字——量子涨落。什么意思呢？简单来说，量子理论的"不确定性原理"允许空无一物的空间产生少许能量，这个能量的产生就是完全随机的。这个理论很复杂，你不需要深究，只要知道这个世界可能真的有真随机现象就好了。

但现实生活中，这种绝对意义上的真随机现象几乎无法遇到，就像在现实世界中没有一个绝对标准的圆一样。绝对意义上的真随机也很难获得，我们日常生活里遇到的随机现象基本都不是真随机，但只要我们感知到它的效果是随机的，就可以把它当作随机来看待，这种随机我们称为效果随机。

还是来看投篮的例子。影响投篮是否命中的因素有很多，比如出手的角度、力度、速度，球的旋转，当时的风向、空气密度等。如果把所有这些因素全部控制在适当的范围内，投出的球必然会中。这时结果就是确定的，而不再是随机的了。

但在现实生活中，我们既没有办法完全控制出手时力量的细微差别，也没办法完全计算风向、空气密度这些环境因素的影响，所以投篮是否命中这件事对我们来说，仍然是随机的，我们把它视为效果随机。同样的，抛硬币、掷骰子的结果也都是效果随机。

除了真随机、效果随机，生活里还有一些现象是典型的"伪随机"。也就是说，一个事件看起来是随机的，但其实不是。那么怎么证明呢？当然是寻找事件的规律。只要有规律，事件就一定不是随机的。

比如，玩石头剪刀布这个游戏时，出石头、剪刀还是布，每个人都有自己的规律，很难做到效果随机。一旦发现了其中的规律，也就证明了它是伪随机。而在这个游戏中，水平高的人不过是能发现对手看似随机的出拳中的规律罢了。我就发现我女儿每次出石头之后，下一次一定会出布。她以为自己每次出拳都是随机的，而我早就发现了其中的规律，并且总是靠这个规律赢她。因此，当我想让女儿干什么事，或者不想让她玩

iPad，又或者不想让她吃冰激凌时，总是会跟她玩石头剪刀布的游戏，毕竟我很容易就能赢她。当然，我希望我女儿看不到这部分内容。

事实上，人类是很差劲的随机生成者。越想制造随机，我们的主观性就越强，而这样制造出来的随机，往往就是伪随机。一般来说，我们要创造随机，需要借助一些物理装置，比如骰子、翻书、硬币等，这样才能撤除人的主观性。

当然，同样一个行为，对不同的人来说可能就是不同的随机类型。比如，女儿和我玩剪刀石头布的游戏，对我来说她的出拳属于伪随机；而如果她跟另一个小朋友玩这个游戏，她的出拳可能就成了效果随机。随着我们对世界的认知不断深入，对事情的规律不断发掘，很多时候，我们以为的效果随机就逐渐变成了伪随机。

简单总结一下，**绝对意义上的真随机只存在于量子层面，现实中很难遇到；伪随机只是披着随机的外衣，它本身是有规律的；而我们现实生活中遇到的大部分随机现象，都是效果随机，它也是概率论这门学科研究的重点。**

随机是世界的决定性力量

不管是真随机、效果随机还是伪随机，我们都需要知道，随机是这个世界的决定性力量。怎么解释这种力量的作用呢？我们举两个例子。

　　第一个例子，我们还是来说网球运动员费德勒。费德勒的相对弱点是接反手球。大部分网球运动员在接反手球时是用双手击球，而费德勒是用单手击球。单手击球虽然速度快，但回球的力量相对较小。如果大力给费德勒反手球，就会降低他回球的质量。

　　怎么利用这一点呢？是不是要一直给他反手球呢？不是的。如果一直给他反手球，他就能预测你的进攻，然后做出相应的调整。你唯一能利用的，就是随机：给他一定的正手球、一定的反手球，不让他知道你什么时候给反手球。这样，他就更有可能暴露出弱点。你看，这就是用随机战胜对手的例子。

　　第二个例子来自转基因作物。如果人类发明了抗某种害虫的转基因作物并全面种植，之后会出现什么情况呢？这种害虫会消失吗？恰恰相反，在生存压力下，害虫会快速通过基因突变，"有目的"地进化出对抗这种抗虫性的能力，而这种转基因作物很快就会失去抗虫性。这是因为害虫的基因突变是随机的，突变量很大，没有突变出对抗这种抗虫性能力的害虫，很快被消灭了；快速突变出这种能力的害虫，则被留下了。最终，留下的害虫全部进化出了对抗这种抗虫性的基因。这样一来，这种转基因作物的抗虫性就失去了效果。

　　我们该怎么办呢？从随机的视角来看，我们应该在转基因作物的旁边开辟一块区域，种植非转基因作物，让害虫在这个区域继续进行随机性的基因突变。这样就能大大降低它们进化出抗虫性的概率，转基因作物也就能持续有效。

　　了解了随机，才会懂得随机的力量，才能更好地利用随机做出正确决策。

本节思考题

我们都玩过微信的拼手气红包，请问我们抢到的红包金额是随机的吗？

扫描二维码
查看解析

1.2 概率：黑天鹅事件为什么无法预测

这本书书名中的"概率论"，简单说就是"论概率"，也就是对概率的讨论。所以我们说，"概率"是整个学科最基石性的概念。这一节，我们就把这个基石性的概念一次性讲清楚。

概率是随机事件发生可能性的定量描述

"概率"的定义有很多种，最经典的是现代概率论的奠基人之一安德雷·柯尔莫哥洛夫（Andrey Kolmogorov）于 1933 年给出的公理化定义：

设 E 是随机试验，S 是它的样本空间。对于 E 的每一事件 A 赋予一个实数，记为 $P(A)$，称为事件 A 的概率……

我知道你已经看懵了。不过请放心，我不打算用抽象的数学定义给你讲概率，这一节不会，整本书也不会。形式化的定义和公式是数学家的交流语言，可以准确、方便地传递复杂内容，甚至在我看来极具美感。但是，如果你对这种语言不熟悉，就很难去理解它。

数学不应该仅仅是数学家才能挑战的抽象游戏，还应该是普通人能够掌握的解决现实问题的工具。通过使用这个工具，了解数学对现实世界的理解和其中孕育的思想，才是数学真正的魅力。因此，我要给你一个更方便理解的定义——**概率是对随机事件发生可能性大小的定量描述**。

这个定义有两个关键词，第一是"随机事件"，第二是"可能性大小的定量描述"。

先来说"可能性大小的定量描述"。我们有时会说，网坛名将费德勒很厉害，夺冠的可能性很大。这样说肯定没错，但是不精确，很大是多大呢？这时我们就可以用概率，也就是用一个数字来描述这个可能性的大小。比如，这次比赛，费德勒夺冠的概率是80%。这就是一种定量描述，就能和其他人夺冠的可能性比较大小，我们也就知道谁最有可能夺冠了。

再来看第一个关键词——随机事件，在概率论中，随机事件也可简称为"事件"。别被它的名字迷惑了，这个"事件"和我们平时说的"事件"意义完全不一样。比如，我们会说日本偷袭珍珠港事件、卢沟桥事变事件等，这里的"事件"是指一件已经发生的事情。而概率论中说的随机事件是什么呢？下面来看几个例子。

我们问"这一场比赛费德勒获胜的概率是多少"，那"这一场比赛费德勒获胜"就是一个随机事件；我们问"下一次掷骰子出现6点的概率是多少"，那"下一次掷骰子出现6点"就是一个随机事件；我们问"今年村上春树获得诺贝尔文学奖的概率是多少"，那"今年村上春树获得诺贝尔文学奖"就是一个随机事件。

本质上，随机事件是概率论中的一种表述方式，只有符合这种表述方式的事件，我们才能度量它的概率。那么，随机事件的表述方式是怎样的呢？可以总结为一句话：设定一个条件，从可能性的角度出发，对某一个发生结果进行陈述。

任何你感兴趣的事情，都可以用这种表述方式转化成随机事件，从而度量其概率。当然，这句话有点长，限定条件也很多，我来一一解释。

第一个限定条件是，设定一个条件。前面的例子中，这一场比赛费德勒获胜的"这一场"，下一次掷骰子掷出6点的"下一次"，今年村上春树获得诺贝尔文学奖的"今年"，都是限定条件。这类限定条件是必需的。比如，你不能不加限定地问人类登上火星的概率是多少，这种问题就没法计算；而加上时间限定条件"2050年"后，问题就变成了"人类在2050年登上火星的概率是多少"，就可以计算概率了。

第二个限定条件是，从可能性的角度出发。可能性包括两种情况：一种是这件事还没发生，比如"明天下雨的概率是多少"，明天还没到，我们只能从可能性的角度提问；另一种是这件事已经发生了，但我们还不知道，比如"现在我家地底下有石油的概率"，现在我家地底下有没有石油是个客观的已发生的事实，只是我们不知道，因此也可以从可能性的角度提问。你看，不管是这件事还没发生，还是已经发生但我们不知道结果，只要是还不确定结果的事件，我们就可以从可能性的角度提出问题，度量它的概率。

第三个限定条件是，对某个发生结果的陈述。这一限定条件是指，陈述的必须是一个随机结果，而不是不确定性结果。上一节讲了，随机不等于不确定，概率论能解决随机问题，但不能解决不确定的问题。

只要按照上面三个限定条件，任何事情都可以转化为随机事件。至此，我们就明白了概率的第一层意义——**概率，是对随机事件发生可能性大小的定量描述**。

概率是随机事件在样本空间的比率

知道了概率是对随机事件发生可能性大小的定量描述，我们就会面临一个新问题——这种定量描述是怎么得来的？

你可能会说，就是通过那些让人头大的复杂计算得来的呗。没错，确实是通过复杂计算得来的。但我要告诉你的是，这些计算没有什么可怕的，不管多么复杂的计算，背后的思路都是一致的，就是计算随机事件在样本空间的比率。

这里又有了一个新概念——样本空间。这其实很好理解：一件事可能发生的所有结果，就是这件事的样本空间。在数学上，我们常常用集合来表示所有结果，所以叫"样本空间"。

比如抛硬币，结果不是正面就是反面，那么"结果是正面"和"结果是反面"就构成了抛硬币这件事的样本空间。再比如，每届世界杯有 32 支球队参赛，虽然我们不知道谁会夺冠，但夺冠的队伍肯定在这 32 支队伍内，所以这 32 个结果就构成了获得世界杯冠军这件事的样本空间。

在集合的定义下，随机事件是样本空间的一个子集，属于样本空间的一部分。拿掷骰子来说，每次掷骰子可能的结果有 6 个，就是 1 点、2 点、3 点、4 点、5 点和 6 点，而这 6 个结果就构成了掷骰子这件事的样本空间。不管是"点数是 1""点数是 2"这样单一的不能再分的结果——又称为"基本事件"，还是"点数是偶数""点数是奇数"这样一组组合的结果，都是样本空间的一个子集，都是样本空间的一部分。其实反过来也成立，样本空间里的每一个子集，也都是一个随机事件。

换句话说，随机事件和样本空间就是子集和全集的关系。而子集和全集的比率，也就是随机事件占样本空间的比例，就是这个随机事件发生的概率。

掷骰子时，样本空间是 1 点~6 点，共 6 个结果。掷到 1 点的概率，就是 1 点这个结果在总共 6 个结果中所占的比例，也就是 $\frac{1}{6}$。因为概率指的是两个数值的比率，所以概率是没有单位的，就是一个数。

理解了这层含义，我们就能推导出概率的三个性质：

第一，概率的值永远在 0~1 之间，不可能是负数。

第二，样本空间里所有基本事件的概率之和是 1。样本空间就是所有可能发生的结果的集，而基本事件的概率加在一起必然是100%，也就是1。一定不会出现样本空间里所有基本事件的概率之和小于1或者大于1的情况。

第三，某个随机事件不发生的概率，等于1减去这个事件发生的概率。比如，某届世界杯比赛，巴西队夺冠的概率是21%，那巴西队不夺冠的概率就是1-21%＝79%。

当然，在数学定义中，概率有一个完整的公理体系，这里就不一一介绍了，了解这三个基本性质就可以了。

排列组合法则

要注意的是，在计算样本空间时，要把所有可能的结果都考虑到。

为什么要强调这一点呢？我给你举个例子。如果生男生女是等概率的，朋友家先后要了两个小孩，那都是男孩的概率是多少呢？

按刚才说的，要先列出所有可能的结果。所有可能的结果是几种呢？是"全是男孩、全是女孩、一男一女"这三种吗？不是的。所有可能的结果其实是四种——男男、男女、女男、女女，所以两个都是男孩的概率不是$\frac{1}{3}$，而是$\frac{1}{4}$。

"先有一个男孩再有一个女孩"和"先有一个女孩再有一个男孩"，虽然都是一男一女，但它们次序不一样，因此是两种结果。这里我们使用了排列组合法则，就是先"排列"，再把各种情况"组合"到一起。排列是要分先后顺序的，所以使用这个法则时，各个事件也要分先后。

其实，大部分这类的概率问题，考的都不是计算能力，而是排列组合的能力，也就是看你能不能把所有的情况都排列、组合出来。

样本空间的完备性就像一个幽灵

到这里，你对概率的理解已经超过90%的人了。但在这一节的最后，我还想多说一点：因为概率是随机事件在样本空间中的比例，所以我们计算概率的前提，就是找到所有可能发生的结果，用数学语言来说，就是保证样本空间的完备性。如果样本空间不完备，那算出的概率一定是错的。但问题是，样本空间的完备性就像一个幽灵，很难捕捉。

比如每年的奥斯卡最佳影片奖，评委会从入围的几部影片中评出一部最佳影片。你考虑了入围的所有影片，估算了每部影片得奖的概率，而且所有概率加起来也恰好是1。你是不是觉得这个样本空间没问题了？不，问题很大。

比如，万一当年的最佳影片奖空缺了呢？虽然这一情况暂未出现，但并非不可能。像第33届中国电影金鸡奖的获奖名单中，最佳音乐奖就是空缺的；2018年的诺贝尔文学奖，当年就没有评。你把"空缺"这个结果放到样本空间中考虑了吗？

再比如，万一当年的最佳影片奖有并列情况呢？这也不是不可能的。近20年来，被誉为"中国奥斯卡"的金鸡百花电影节，最佳故事片奖、最佳男女主角就经常是"双黄蛋"，也就是由两部影片或两名演员共同获得。你把"并列"这个结果放到样本空间中考虑了吗？

所以我们才说，样本空间的完备性就像一个幽灵。而如果样本空间不完备，我们计算的概率就会有偏差，决策就会出错。

明白了这一点，你就会理解很多现实问题。比如，经济领域中的"黑天鹅事件"之所以无法预测，本质就在于我们完全不知道它，它压根儿不在我们的样本空间里，当然就没法计算它的概率。只有它发生过了，我们知道它可能会发生，它才会进入我们的样本空间，它的概率才能被计算。

更深入一点，从某种角度来说，**我们对世界的探索，就是对样本空间的完善**。原子衰变到底能放出多少种粒子？决定恒星运动的力到底有多少种？影响股票涨跌的因素到底有多少种？……人类探索未知世界的每一次突破性进展，其实都是在完善我们的样本空间。

有些时候，我们会忽视样本空间的完备性，进而会对事物产生一些错误的理解和不正确的认识，这也是刻板印象的来源。比如，有人认为"漂亮的姑娘不聪明，聪明的姑娘不漂亮"，这就是一个忽视了既聪明又漂亮的姑娘，以及既不聪明又不漂亮的姑娘的样本空间；再比如，"成绩好的学生一定是高分低能的学生"的说法，就是忽视了成绩不好能力也差的一类学生，以及成绩好能力也好的一类学生。

完善样本空间，会让我们对这个世界的认知更全面、更清晰。当一些不在我们样本空间的未知事件发生时，我们可能会感到惊讶，甚至震惊。而要培养"处变不惊"的能力，就需要通过学习和经历来增加阅历，从而逐步扩展自己的样本空间。

本节思考题

老王家有 3 个孩子，只有 1 个女孩的概率是多少？（　　）

A. 有 3 个孩子，其中 1 个是女孩，那概率就是 $\dfrac{1}{3}$

B. 如果按照出生顺序，3 个孩子有 8 种情况，只有 1 个女孩的情况有 3 种，所以概率是 $\dfrac{3}{8}$

C. 老王家可能有 0 个、1 个、2 个、3 个女孩，有 1 个女孩是其中 1 种情况，所以概率是 $\dfrac{1}{4}$

扫描二维码
查看解析

1.3 独立性：连续5次正面，第6次抛硬币时正面可能性更大吗

"独立性"这个概念描述的是随机事件之间的相互关系。只有明白了一个随机事件和其他随机事件的关系，能判断该随机事件是否具有独立性，才能正确分析和度量它的概率。

随机事件的两种关系

什么是"独立性"呢？

通俗地讲，如果随机事件之间没有任何关联，我们就可以说这些随机事件是相互独立的，它们各自就具备独立性。而这种具备独立性的随机事件，也被称为"独立事件"。

这样说好像有点儿抽象，举个例子你就明白了。

比如，今天晚上你想吃火锅，可是你女朋友想减肥，她提议吃蔬菜沙拉，然后你们决定通过抛硬币来解决，正面就吃火锅，反面就吃沙拉。第1次，你抛了正面，你女朋友说还没开始呢，让你再抛。第2次，你又抛了正面，你女朋友说这次只是试手，不算。也许是冥冥之中得到了火锅店老板的庇佑，你连续抛了5次都是正面。你女朋友惊呆了，她说，再来最后一次，如果是正面，我们就去吃火锅，如果是反面，你还得陪我吃沙拉。

问题来了，今天晚上你们到底是更有可能吃火锅，还是更有可能吃沙拉呢？也就是说，第 6 次抛硬币，结果是正面和反面的概率分别是多少呢？

你可能会担心，都连着抛了 5 次正面了，下一次硬币出现正面的概率肯定很小，出现反面的概率会很大。这个判断对吗？不对！这种思考方式犯了一个典型的错误，就是我们常听说的"赌徒谬误"[①]。

当然，你女朋友可能更担心，前 5 次都是正面，下一次很可能继续是正面。这个判断对不对呢？也不对，这就犯了另一个错误——"热手谬误"[②]。

概率更大不对、更小也不对，那正确答案是什么呢？正常情况下，第 6 次抛硬币结果是正面的概率还是 $\frac{1}{2}$。

第 6 次抛硬币跟前面 5 次抛硬币是相互独立的，不管前 5 次结果怎样，第 6 次出现正面的概率都还是 $\frac{1}{2}$。这一次抛硬币的结果不会影响下一次的结果，这就是独立性。抛硬币是一个典型的独立事件。

两个随机事件相互独立，用概率论的学科语言表述，就是一个随机事件的发生，不影响另一个随机事件发生的概率。也就是

[①]　赌徒谬误（Gambler's Fallacy），也称蒙地卡罗谬误，主张由于某件事发生了很多次，因此下次不太可能发生。

[②]　热手谬误（Hot Hand Fallacy），主张由于某件事发生了很多次，因此下次很可能再次发生。

说，下一个随机事件发生的可能性，不会被上一个随机事件所影响。如果两个随机事件互相有影响，那它们就是非独立的。

要么具有独立性，要么具有非独立性，随机事件之间只有这两种关系。

独立性的重要意义

看到这里你可能会问，知道独立性的定义有什么用？辨别随机事件的独立性又有什么意义呢？

还是先来看一个例子。前面说过，我女儿在玩剪刀石头布游戏时是一个非常差的随机制造者，她每次出石头之后，下次一定出布。

这个规律代表什么呢？其实，用概率论的语言表达就是，我女儿上一次出拳的结果，影响了下一次出拳的结果。当她上一次出了石头时，下一次出拳就不再是石头、剪刀、布各1/3的概率了，而是变成了出布的概率是100%。你看，两次出拳并不具备独立性，而是相互联系、互相影响的。

这种会产生相互影响的随机事件，也叫"非独立事件"。而原本互相独立的事件，当你发现它们之间有联系时，对事件概率的估计和决策方式都会发生很大的改变。

换个角度来看，我女儿有没有什么对付我的办法呢？如果恰好学习了这一节的内容，她就会知道，最简单的办法就是打破自己出拳的规律，让每次出拳的结果不再有联系。这样，她每次出拳的结果又是独立事件了，我就拿她没办法了。当然，我希望她不要那么快想到这个办法。

事件的独立性本质上是一个数学概念

判断一个事件的独立性看起来挺简单的，但是在现实生活中，我们真能这么轻松地辨别吗？事实上，这是非常困难的。

给你讲一件真实发生的事。2013年，英国德比郡一个叫约翰的人在超市买了一小盒鸡蛋，共6个。磕开第1个，约翰惊喜地发现这是一个双黄蛋。这是他有生以来第一次碰到双黄蛋。接着他又磕开了第2个，又是双黄蛋。更神奇的是，约翰接下来又连续磕开了3个，都是双黄蛋。他欣喜若狂，一不小心把最后一个鸡蛋摔在了地上。见证奇迹的时刻到了，这还是一个双黄蛋。

约翰一下买到6个双黄蛋的奇闻，被媒体争相报道。英国一家机构的数据显示：母鸡平均每下1000个鸡蛋，才会出现1个双黄蛋。也就是说，一个鸡蛋是双黄蛋的概率是$\frac{1}{1000}$。那么，一盒6个鸡蛋都是双黄蛋的概率是多少呢？

如果假设盒子里这个鸡蛋是双黄蛋和那个鸡蛋是双黄蛋是完全独立的事件，两者毫无关系，那么，连续6个都是双黄蛋的概率，就是每个鸡蛋是双黄蛋的概率的乘积，也就是$\frac{1}{1000}$的6次方，也就是10^{-18}。

这个数值意味着什么呢？假如你每秒能磕开6个鸡蛋，现在让你以这个速度磕，要多长的时间才能保证在某一秒里6个鸡蛋都是双黄蛋的情况至少出现一次呢？答案是大约317亿年。要知道，宇宙从大爆炸到现在也就是138亿年左右，317亿年这个时间比宇宙年龄的两倍还要多！

6个鸡蛋都是双黄蛋，这得是多么罕见的事情啊。那约翰是不是史上第一个如此幸运的人呢？还真不是。因为就在此事发生的3年前，在英国另一个地方，还发生过一次几乎一模一样的事情。

按说，理论计算不应该和事实有如此大的差别。这不禁让我们困惑，问题出在哪儿呢？会不会是计算有问题？

还记得这种计算方式的前提吗？就是我们一开始的那个假设——同一个盒子里，这个鸡蛋是双黄蛋和另一个鸡蛋是双黄蛋是独立事件。也许这个假设是错的。

首先就有专家提出质疑，母鸡下双黄蛋的概率受自身年龄影响。越年轻的母鸡，下双黄蛋的概率越大。一只刚开始下蛋的母鸡，下双黄蛋的概率要远远高于$\frac{1}{1000}$。而在现代化的农场里，母鸡是分批次养殖的。同一批母鸡，会在相同的时间长大，然后开始下蛋。所以，如果恰好买到一批年轻母鸡下的蛋，出现双黄蛋的概率就会大得多。

其次，我们都知道，鸡蛋大小不同，往往售价也不同。所以无论是工作人员，还是自动化机器，在分拣、包装鸡蛋时，往往都会区分大小，把大个儿的放在一个盒子里。这样，只要盒子里第一个放进去的鸡蛋是大个儿的，后面几个也放大个儿鸡蛋的概率就会大大增加。而双黄蛋普遍比一般鸡蛋大，在"芸芸众蛋"中十分显眼，所以被放到一个盒子里的概率就会大幅提升。

所以说，很多我们以为的独立事件，也许并不具备独立性。这个鸡蛋是双黄蛋和那个鸡蛋是双黄蛋，这样两个看起来毫不相关的事件，也因为鸡蛋的大小而有了千丝万缕的联系。

现在你明白了吧，**独立事件，只是我们描述某些随机事件的数学模型罢了。**一些随机事件符合这种数学模型，可能真的是因为它们之间没有关系，不会互相影响；也可能是因为它们之间虽然存在内在联系，但我们不知道；还有一种可能是，假设这些随机事件是相互独立的，可以简化我们对概率的计算。

但不管怎样，在现实生活中，判断随机事件是否独立时要格外小心。如果把互相影响的事件错判成了独立事件，就会得出离真相很远的答案。

回到最开始男女朋友用抛硬币来决定吃火锅还是吃沙拉的例子。如果男朋友抛了 100 次硬币都是正面，你觉得下一次是正面和反面的概率还都是 $\frac{1}{2}$ 吗？当然不是！这时，你就不应该还假设两次抛硬币是互不影响的独立事件了，而是要检查那个硬币是不是有问题了。

本节思考题

现实生活中，你遇到过貌似是相互独立，其实是相互影响、相互联系的事件吗？

扫描二维码
查看解析

1.4 概率度量：降水概率40%的真正含义是什么

前面讲过，概率论解决问题的核心思路是，把局部的随机性转化为整体上的确定性。而要实现这个转化，靠的是"概率"。当一件事的概率确定了，它在整体上发生的可能性就确定了。这一节，我们就来看看整体的确定性是如何建立的。换句话说，我们是如何度量概率的。

简单来说，常用的度量概率的方法有三种——定义法、频率法和迭代法。这三种方法是伴随着概率论的发展而逐步出现的。现在，定义法用得比较少，使用比较多的是频率法和迭代法。

定义法：对现实世界的合理简化

定义法是概率论这个学科中最早出现的度量概率的方法。顾名思义，定义法就是直接定义概率。定义法的基础逻辑是，某件事不同结果出现的可能性是相等的，没有任何一个结果比其他结果更有可能发生。

比如，定义法认为，抛硬币时正面朝上和反面朝上的概率相等，都是 $\frac{1}{2}$；一个标准的骰子，每个点数出现的概率也相等，

都是 $\frac{1}{6}$。这些概率，都是我们直接定义的。

现实生活中，我们也经常这样设定。比如，一道 4 选 1 的选择题，随便选一个，我们认为蒙对的概率是 $\frac{1}{4}$。这里就有一个人为的设定，就是认为每个选项正确的概率都是一样的；再比如，我要去跑马拉松，要么会坚持到达终点，要么中途放弃。跑之前，我说跑完和放弃的可能性"一半对一半"，这也是一种等可能性的设定。

你可能会说，概率值怎么能直接定义呢？这不靠谱吧？现在看来，定义法确实有很多不靠谱的地方。这是因为在概率论这个学科刚刚起步时，我们对概率的认知存在局限。你可能听过"古典概率"这个说法，它就是这样一种等可能性的概率定义法。

不过我想说的是，定义法虽然简单、直接，但是在宏观尺度上，它是一种对现实世界的合理简化，所以还是有一定的科学性。比如，我们用定义法确定抛硬币、掷骰子的概率，几百年了，还是挺准的。这些全是蒙对的吗？当然不是。事实上定义法的等概率假设，是以宏观世界的对称性这个大前提为基础的。

对称性是世界的普遍规律。雪花是对称的，花瓣是对称的，单摆小球的轨迹是对称的，行星运行的轨迹很多是对称的，甚至在微观粒子的运动和相互作用中，也会体现对称性。可以说，对称是自然最完美的展现。

一枚理想的硬币，在几何形状上是对称的，密度是均匀的。

当硬币被抛起来的时候，作用于硬币上的力是对称的，重力、摩擦力、大气压力等都是对称的……所以我们当然就假设，硬币正反两面出现的概率也是对称的，各 $\frac{1}{2}$。所以说，用定义法进行等概率假设是有一定的科学性的。

那我为什么又说定义法是合理的简化呢？前面说了，影响硬币在空中状态的因素太多了，包括硬币的密度、形状、出手的角度、空气的密度、当时的风向等，完全搞清楚各个因素的具体情况是非常困难的。但是一方面，这些因素的影响很小；另一方面，各个因素的影响又会互相抵消。所以我们就把这些因素全部忽略了，把硬币在空中的状态简化成没有其他因素影响的理想状态。这不就是一种合理的简化吗？

著名经济学家约翰·凯恩斯（John Keynes）在他的《概率论》（*A Treatise on Probability*）一书中，专门给这种定义法取了个名字，叫"无差别原理"。也就是说，如果没有充分的理由说明某件事的每个结果的概率，就给予每个结果相同的概率。在很长的一段时间里，这个原理一直被应用在科学、统计学、经济学、哲学和心理学等 领域中。

频率法：依靠大量数据获得真相

定义法虽然简单、好用，但随着概率论要处理的事情越来越多，定义法逐渐应付不过来了。简单来说，很多事情的多个结果的概率并不相等。比如，一个人患肺癌的概率，一批产品的次品率，通过考试的概率……即便不知道精确数值到底是多少，我们也知道，假设概率"一半对一半"是很荒谬的。这时，定义法就失效了。

随着数学家对概率的研究不断深入，他们找到了第二种度量概率的方法——频率法。

频率法的基础逻辑是，只要数据量足够大，一个随机事件发生的频率就会无限接近它的概率。换句话说，虽然每次结果都是随机的，但随着这件事不断地被重复，只要重复的次数足够多，隐含的规律就会慢慢浮现出来。

拿掷骰子来说，如果现在有一个被动过手脚的骰子，它各个点数出现的概率肯定有很大差别。这时候如果我们想知道骰子各个点数出现的概率，就不能使用定义法了。怎么办呢？用频率法。我们可以反复掷骰子，比如掷 1000 次，如果点数 6 出现的次数达到了 500 次，就可以知道，点数 6 出现的概率大约是 $\frac{1}{2}$。现实生活中的概率度量也是类似的。比如投篮命中的概率、患肺癌的概率等，只要找到足够多的数据，然后用投篮命中的次数除以总投篮的次数，用肺癌患者的数量除以样本的总人数来计算频率，就可以把频率值作为这件事发生的概率。

这种依靠大量数据获得真相的思路，是现代统计学的基础，被广泛地应用在各个学科之中。我们会在第 3 章对频率法进行更详细的介绍。

有了频率法，定义法是不是就完全没用、可以完全丢弃了呢？当然不是。在很多情况下，定义法虽然没法直接使用，但是它能够帮助我们判断概率值是否正确。还是上面掷骰子的例子。当我们用一个骰子反复掷了1000次后，点数6出现了500次，即点数6出现的概率大约是$\frac{1}{2}$。正常骰子的六个面虽然不是完全均匀的，但是各个面的差别并不是太大，用频率法得出的结果和定义法不会有很大的差别。但$\frac{1}{2}$这个值和用定义法得出的$\frac{1}{6}$差得实在太远了，所以我们就能做出推测——这个骰子极可能被动过手脚。

迭代法：用动态发展的眼光来看待问题

有频率法就行了吗？还不够。当我们用频率法解决生活中的概率问题时，会发现有些问题还是解决不了。

首先，有些事是没法去试验的。比如，美国说要在2050年登上火星，你觉得成功的概率有多大？这可没法反复做试验。再比如，你向某个女生表白，成功的概率有多大？总不能表白500次，记录一下成功的次数吧？

其次，很多事件的概率是不断变化的。比如费德勒和纳达尔的比赛，费德勒获胜的概率有多大？随着比赛的进行和场上局势的变化，这个概率也是不断变化的。

最后，很多事件的概率还与个体的差异有关。比如，同样一道4选1的选择题，不同人答对的概率是一样的吗？当然不是。有些人只能靠蒙，他答对的概率可能就是$\frac{1}{4}$；而他隔壁桌的学霸，答对的概率可能是50%，甚至是100%。

类似的事件还有很多。或者是因为数据量不足，或者是因为概率本身在不断变化，或者是因为与个体密切相关，这些事件的概率都没有办法通过频率法来预测。于是，数学家很快就有了第三种概率度量的方式——迭代法。

迭代法的做法是，先利用手头少量的数据做推测，甚至是主观猜测一件事的概率，然后再通过收集来的新数据，不断调整概率的估算值。有了迭代法，以上没法度量的各种概率问题就都可以解决了。比如，虽然没法通过反复试验判断美国 2050 年登上火星的概率，但是我可以先给一个假设，比如就是定义法中的 $\frac{1}{2}$ 吧。然后，我不断收集新的数据和证据，比如美国公开的登陆火星的计划的内容、核心技术的发展状况、美国国家航空航天局的经费变化、火星登陆的新闻报道等，来调整之前的预测概率值。

迭代法中最常用的一种方法是贝叶斯推理计算，我们会在第 5 章详细介绍。

三种概率度量方法的关系

讲完了概率度量的三种方法，你会发现，它们其实是从不同的视角来度量概率的——

定义法通过自然世界的对称性来定义概率；

频率法用随机事件发生的频率来计算概率；

迭代法则是从一种动态发展的、考虑个体差异的角度来度量概率。

通过对这三种方法的学习，你应该能看出来，跟所有的科学研究一样，人们对概率的研究也是不断深入的。

不过要提醒你的是，这三种方法的适用范围并不是泾渭分明的，它们经常会被融合在一起使用：频率法可以验证定义法的正确性；使用迭代法时，可以借助定义法或者频率法来获得最初的判断；频率法和迭代法又可以同时使用，相互验证。

打个比方，这三种方法就好比工具箱里的三把尺子，共同对概率进行度量。这也是概率论和很多学科不一样的地方：它不是新方法取代旧方法，而是一种方法为另一种方法提供其他维度的辅助。

举一个我们生活中常见的三种概率度量方法融合应用的例子：降水概率。

我们听天气预报时有时会听到，明天降水概率40%，这到底是什么意思呢？是有40%的地区会下雨？还是有40%的时间会下雨？又或者说，是10个预报员投票，6个说不下雨，4个说下雨，所以降水概率就是40%？都不是。事实上，降水概率的含义是，从历史上看，与明天条件相似的100天中，有40天会降雨。其中相似条件是指温度、湿度、气压等气象相关条件相似。这里用到的就是频率法，相同条件下下雨的频率，近似等于下雨的概率。

当然，还可以表达得更准确一些。按照美国国家气象局的定义，降水的含义是降雨达到 0.01 英寸，也就是大概 0.25 毫米，降水概率的计算公式为：

$$PoP = C \times A,$$

PoP 指的是降水概率；C 是预报区域内任何一个位置降水的概率，也就是前面说的与明天条件相似的情况下，降水的可能性；A 是降水区域在预报区域所占的百分比。我们用区域占比来定义一个整体区域的降水概率，用到的就是定义法。

打个比方，北京明天这种天气条件，历史数据表明下雨的可能性是 50%，同时，如果下雨可能涉及北京市 80% 的区域，那么，整个北京市的天气预报，降水的概率就是 50% × 80% ＝ 40%。

如果你不时去看天气预报中的降水概率预报，就会发现，它是在变化的，比如从 40% 变化成 50%。这是因为气象局会根据不断收集来的新的气象条件，调整预报的降水概率，这里用到的就是迭代法。我们都知道，时间越远，天气预报得越不准确，时间越近，预报得越准确，这就是气象人员在利用迭代法不断更新、调整预测的结果。

你看，对降水概率的预测，其实就是综合应用这三种概率度量方法而得到的结果。现实生活中，这样的应用还有很多，比如在语音识别、股票预测、药品有效性预测等领域，这样的应用也广泛存在。

概率度量追求精准的意义

要度量随机事件发生的可能性，概率是一种准确的数学描述方式。不同地区对降水概率的计算方式可能有些许差别，但有一点是统一的，那就是使用概率对可能性进行度量时，都会尽可能地追求精准描述。

你可能会问，这种对精准的追求有意义吗？在日常生活中也许没有意义，毕竟，我们其实很难分辨发生概率是30%的事件和40%的事件有什么区别，更进一步地，你能分辨80%和85%的两个事件的区别吗？人类是一个天生对概率数值不敏感的物种，很多人对数值根本不敏感，更不要说是概率数值了。在日常生活中，我们并不追求精准的概率度量的值，而是会使用5种模糊的概率度量的表述：

- 小概率事件（不可能发生）：概率小于1%；
- 可能性不大的事件：概率为1%～45%；
- 一半对一半的事件：概率约等于50%（45%～55%）；
- 可能性比较大的事件：概率为55%～90%；
- 大概率事件（几乎肯定会发生）：概率在90%以上。

对日常生活中的决策，这5种概率度量的表述就够用了。但很明显，你也能感觉到这种表述很模糊。比如，0.9%的概率属于不可能发生的事件，1%的概率却属于可能性不大的事件，但其实这两个概率值的差距很小。

但在专业领域中，精准的概率度量就非常重要了。最容易理解的就是赌场这种商业模式。赌场设定的庄家获胜的概率是52%，赌家获胜的概率是48%，通过精准的概率度量和设计，只需要一点点的概率差，从整体上来看，庄家就能一直获胜。现代基于深度学习的人工智能，也是基于大数据来做精准的概率度量，从而对猫和狗进行识别，对语音、语义进行判断，以及进行自动驾驶。

从本质上说，保险公司做的也是一种概率生意，通过精准计算出险的概率，来设计保险产品并对保险产品定价。

精准的概率度量还有一个非常重要，而很多人完全没有意识到的作用，那就是利用精准的概率度量和我们模糊的概率意识形成的概率差赚取利润。比如，航空意外险就是这样一款产品。在线旅游公司航空意外险的售价一般在30元左右，但从保险公司买来这个产品估计只要5毛钱。这是个暴利的生意，但是你会不会买呢？事实上很多人都会买，因为对百万分之一的概率和十万分之一的概率，个体根本感受不到差异，在我们看来，它们都是小概率事件。为极为罕见的小概率事件花30元投保，是我们可以接受的一件事。对于30元的价格，我们也无法评估它是贵了还是便宜了。而通过这种概率的认知差异赚取利润，是很多行业的盈利模式。

总的来说，在日常生活中，精准的概率度量对很多决策没有太大的作用，但概率区间的判断是基于精准概率度量而做出的；但在大量专业领域中，精准的概率度量几乎是这些领域商业模式的基础。

你能用身边的例子来说明，哪些情况下用定义法定义概率，哪些情况下使用频率法和迭代法定义概率吗？

扫描二维码
查看解析

2

第 2 章

概率计算法则

任何一个现实问题，我们都不仅要定性地了解，还要定量地描述。而概率计算，就是解决定量描述这一问题的。如果没有概率计算，我们对一件事的认识就只能停留在模模糊糊的直觉层面，很容易出错。

2.1 概率计算：加法法则和乘法法则怎么用

　　单个随机事件发生的概率，是其在样本空间的比率。那么多个随机事件合并发生的概率又该如何计算呢？

　　常见的多个随机事件概率计算题都是什么样的呢？稍有了解的人都知道，它们非常折磨人。比如，"从一副扑克牌中有放回地一张张抽取纸牌，求在第 6 张得到全部 4 种花色的概率"。再比如"箱子里装有号码 1～N 的球，有放回或者无放回地摸出 n 次球，问球号正好是严格上升次序排列的概率是多少"。

　　看到这种题目，你可能只想立马合上手中的书，找个地方静静。不用担心，我并不打算讲这些。

　　这一节，我想抛开那些复杂的问题，讲一讲多个随机事件概率计算的本质——无论多么复杂的问题，都是基于两个基本法则来运算的：

　　第一个是"加法法则"；

　　第二个是"乘法法则"。

　　相信我，我要讲的多个随机事件概率计算只涉及加减乘除四则运算，你一定能看得懂、学得会。

加法法则

加法法则是指，多个随机事件发生其一的概率，等于每个随机事件各自发生概率之和。

如果是两个随机事件，一个随机事件发生或者另一个随机事件发生的概率，也就是这两个随机事件发生其一的概率，等于两个随机事件各自发生概率的和。三个随机事件发生其一的概率，就是三个事件各自发生的概率之和。以此类推。

比如，澳大利亚网球公开赛开赛前，专业分析师预测，费德勒获得冠军的概率是20%，获得亚军的概率是15%，那费德勒闯入决赛的概率就是他获得冠军的概率与获得亚军的概率之和，也就是20%+15% ＝ 35%。

不过，加法法则也有个限定条件，就是这些随机事件不能同时发生，这也被称为"互斥"。拿刚才的例子来说，费德勒获夺冠军和获得亚军不能同时发生，你不能说他既获得了冠军又获得了亚军。只有这样的随机事件，才能直接用加法法则。

举个反例。天气预报说，周六下雨的概率是50%，周日下雨的概率是60%，那周末两天有降雨的概率是多少呢？是周六下雨的概率直接加上周日下雨的概率吗？这样加起来的结果是110%，超过1了。前面讲了，概率一定在0～1之间，不可能大于1，所以用加法法则直接计算肯定不对。那到底哪里出错了呢？

可能你已经发现了，周六下雨和周日下雨这两个事件并不互斥，周六下雨了，周日也可以下雨，它们可以同时发生。也就是说，还存在"周六和周日都下雨"的情况，所以不能直接用加法法则。那应该怎么计算呢？具体来说，有三种计算方法。

第一种计算方法是，将事件拆分为互斥的情况。周末下雨包含三种情况。

情况1：周六下雨，周日不下雨，这种情况的概率为

$$50\% \times (1-60\%) = 20\%;$$

情况2：周六不下雨，周日下雨，这种情况的概率为

$$(1-50\%) \times 60\% = 30\%;$$

情况3：周六周日都下雨，这种情况的概率为

$$50\% \times 60\% = 30\%。$$

以上三种情况是互斥的，因此可以用加法法则，即周末两天有降雨的概率为：

$$20\%+30\%+30\% = 80\%。$$

第二种计算方法是，用周六下雨的概率加上周日下雨的概率，减去周六和周日都下雨的概率。这是因为周六下雨包含了周六和周日都下雨的情况，周日下雨也包含了周六和周日都下雨的情况，等于多算了一次周六和周日都下雨的情况，所以减去一次周六和周日都下雨的概率即可。也就是说，周末两天有降雨的概率为：

$$50\%+60\%-50\% \times 60\% = 80\%。$$

第三种计算方法是，反过来计算，只要求出周末两天都不下雨的概率，用1减去这个概率就可以了。

两天都不下雨的概率为$(1-50\%) \times (1-60\%) = 20\%$，因此

周末两天有降雨的概率为：

$$1-20\% = 80\%。$$

乘法法则

和加法法则一样，乘法法则也是针对多个随机事件的概率计算。乘法法则是指，多个随机事件同时发生的概率，等于各个随机事件各自发生概率之积。

以两个随机事件为例，要计算两个随机事件同时发生的概率，将两个随机事件各自发生的概率相乘就行了。比如，问"木村拓哉和金城武一起向你表白的概率是多少"，就要用乘法法则，也就是等于木村拓哉向你表白的概率乘以金城武向你表白的概率。

不过，和加法法则一样，乘法法则也要求各个事件得是独立事件。如果是独立事件，彼此互不影响，乘法法则可以直接使用；如果是非独立事件，那就不能直接使用该法则了，而是要对乘法法则做个变形。具体怎么变，我们在讲条件概率时会详细解释。

概率计算的真正困难是读懂问题

看到这里你可能会觉得概率计算是不是挺简单的，只需要会加减乘除四则运算就可以了。正因为概率计算简单，所以概率论考试的时候，老师只能把题目描述得非常复杂，经常出现"或""同时""有放回""无放回"等词。题目出现一字之差，结果就会大相径庭。

大部分人不会做概率题，或者做不对概率题，不是因为不会计算，而是因为没看明白题目。也许打败他的不是数学，而是语文。真正读懂题目的意思，才是概率论考试的重点。

概率论老师为什么要把题目弄得这么复杂呢？是为了故意把学生难住吗？当然不是。这其实是一种思维方式的训练：让学生在复杂的题目中，寻找"或"，寻找"同时"，辨析"互斥"，辨析"独立"，计算和分辨各种复杂的排列组合，从而学会把考卷上的题目翻译成一个个的概率问题。

要知道，我们在实际生活中遇到的概率问题，可比加减乘除困难多了，甚至比考卷上设定的题目更难。在现实生活中我们不会计算概率，往往就是因为不会把一个现实问题准确地翻译成对的概率问题。这就好像我们有很多把钥匙，却总是拿它们开错的锁一样，结果当然是打不开。

举个例子。看到飞机失事的新闻后，有些人常常开玩笑说，"从概率的角度来说，下一班飞机更安全。因为如果飞机失事的概率是百万分之一，那么飞机连续两次失事的概率就是百万分之一乘以百万分之一，也就是万亿分之一"。

你可能要笑了，因为这就是典型的赌徒谬误嘛。一般人认为，赌徒谬误产生的原因是人们没弄懂独立事件的含义。但我要告诉你的是，即便弄懂了独立性，知道两个航班互相独立，很多人还是会算错，因为这些人对现实问题翻译得不对。他们混淆了"飞机连续失事两次的概率"和"飞机再次失事的概率"。注意，这两个看似差不多的表述差别是很大的。

一个事件发生两次的概率是什么？简单地说，是你准备抛两次硬币，在还没抛的时候，问两次都是正面的概率是多少呢。这时用乘法法则，就是 $\frac{1}{2} \times \frac{1}{2}$，结果是 $\frac{1}{4}$。换到飞机失事的例子中，飞机连续两次失事的概率，就是两个"飞机失事的概率"相乘，确实可能是万亿分之一。但要注意，这是在飞机失事之前计算的。

而"一件事再次发生的概率"是什么？是已经抛了一次硬币，正面朝上，问下一次还是正面的概率是多少。我们知道，抛硬币是独立事件，再次出现某个结果的概率不受前面结果的影响，所以，下次正面朝上的概率自然还是 $\frac{1}{2}$。换到飞机失事的例子，一架飞机失事后，注意，这架飞机已经失事了，它再次失事的概率，就是普通飞机失事的概率，还是百万分之一。

你看，对现实问题的翻译不同，概率计算的方式也就不一样。我们说的是飞机再一次失事的概率，但你计算的是飞机连续两次失事的概率，计算结果当然不能反映现实问题，必然会出错。

正确翻译现实问题，是概率计算最复杂的地方。**概率思维的核心，就是准确地将现实问题转换成对的概率问题**。这也是本书想重点带给你的。

本节思考题

　　你有过因为没有准确地翻译现实问题，而导致失误的经历吗？

扫描二维码
查看解析

2.2 法则应用：怎样提高找到真爱的概率

概率加法法则与概率乘法法则在概率计算中的意义非常清晰，但我们通常会忽略，这两个法则在生活和认知方面也有重要的意义。

比如说，大多数人内心都渴望真实、浪漫的爱情。但很多时候，人们总会感到困惑和失望，总是感觉遇不到真爱，甚至连真爱的候选对象都遇不到。如果你也有这种感觉，从数学上看，你的感觉挺有道理的。

潜在交往对象的数量有多少

你可能知道，数学家找对象很难，所以，绝大多数数学系的学生都转行了，包括我。有个长期单身的数学家叫彼得·巴克斯（Peter Backus），他在2010年发表了一篇名为《我为什么没有女朋友》（*Why I Don't Have a Girlfriend*）的文章。经过严谨的计算，他得出了这样一个结论：银河系中可能与人类接触的、拥有智慧生物的外星文明的数量，比可以与他交往的潜在女友的数量还要多。

在这篇文章中，他对德雷克公式做了一些改动，并最终利用这个公式计算出了符合他择偶要求的女性的数量。德雷克公式是射电天文学家弗兰克·德雷克（Frank Drake）提出的一个公式，用来估算银河系中可能与人类接触的外星文明的数量，公式如下：

$$N = R^* \times f_p \times n_e \times f_l \times f_i \times f_c \times L,$$

其中，各参数的意义为

N：银河系内可能与人类通讯的文明数量；

R^*：银河系内恒星形成的速率；

f_p：恒星有行星的概率；

n_e：位于适合生态范围内的行星的平均数；

f_l：行星发展出生命的概率；

f_i：演化出高智慧生物的概率；

f_c：高智慧生命能够进行通讯的概率；

L：高智慧文明的预期寿命。

德雷克公式很好理解，就是把最终要求解的问题逐步分解了：先探索银河系中恒星形成的平均速度、恒星拥有行星环绕的概率，再考虑存在生命的行星的概率，最后再计算智慧生物的技术发展潜力、向太空发送其存在的可探测信号的文明的概率等，就可以得到最终结果。

当然，我们始终无法精准计算外星文明的数量。不过，估算出无法证明的数量是每个人都需要掌握的重要技能，这就是基于概率的费米估算法。

回那个单身的数学家巴克斯。他估算可交往女朋友数量的方法，与德雷克的估算方法是相同的，那就是把问题不断细化、分解，直到可以做出有根据的猜测为止。巴克斯列出的条件如下：

1. 住在我所在城市（伦敦）的女性，我不要异地恋；（满足条件的人数：400万）

2. 年龄上匹配，−10岁～+10岁；（满足条件的比例：20%，即80万人）

3. 目前为单身——数学家还是有基本道德的；（满足条件的比例：50%，即40万人）

4. 大学本科学历，否则怎么有共同的数学话题？（满足条件的比例：25%，即10万人）

5. 可能存在吸引我的魅力，也就是我能看得上；（满足条件的比例：5%，即5000人）

6. 可能觉得我有魅力，也就是能看上我；（满足条件的比例：5%，即250人）

7. 相互看得上，同时还能合得来的。（满足条件的比例：10%，即25人）

按照巴克斯的要求一条条筛选下来，到最后，全世界只有25个人可能是他潜在的交往对象。要知道，德雷克算出的银河系中可能与人类接触的外星文明大约有1万个，是孤独数学家潜在交往对象的400倍！

　　单身的朋友，你可以按照巴克斯的方法算算你潜在的交往对象有多少，再想想城市这么大，你遇见她们/他们的概率有多少。

如何提高潜在交往对象的数量

　　我觉得，巴克斯这个数学家活该单身，因为他要求太高了。在同城、年龄匹配、单身、本科学历这几个条件之外，他能看得上的居然只有5%，更过分的是，他觉得能看得上他的也只有5%。

　　他的意思是，每遇到20个同城、适龄、单身且有本科学历的女生，他只能看得上1个；每10个他看得上的女生，只有1个能跟他合得来。也就是说，他需要遇到200个同城、适龄、单身且有本科学历的女生，才能找到1个他既看得上、又合得来的人。是的，这还没考虑对方是否喜欢他。

　　看到这里，你心里想的大概是，巴克斯，你也不照照镜子，你是学数学的好吗？哪来的自信提这么多条件？

　　我和你的看法一致。现在的问题是，怎么提高这个数值，让巴克斯潜在的交往对象数量多一些呢？读者们大概会异口同声地回答：降低条件。

　　我们注意到，巴克斯提的这7个条件都有独立的概率，如果7个条件都需要满足，就要使用概率的乘法法则，将所有概率相乘。而乘法计算的特点是，要想提高最终的乘积，就需要提高某些乘数的值。应用到概率计算中就可以知道，要想提高整体概率，就需要提高某些环节的概率。比如，如果不在意有没有上过大学，潜在交往对象的数量会是现在的4倍；如果不强求在伦敦，而限制在英国，潜在交往对象的数量将再提高10倍。

可以看出，在概率乘法法则的框架下，放弃一些要求，成功率将能大幅度提高，而且经常是成倍地提高。

现实生活中有大量应用概率乘法法则的例子。比如，提高网站流量转化率这件事。用户进入网站首页后就开始有留存率，随着用户不断地深入页面，每个环节都会有各自的留存率，最后才会到转化。产品整体的转化率就是所有阶段留存率的乘积。想提高网站的转化率，最有效的方式就是减少环节，或者集中力量改善某一环节，使其留存率大幅度提升。

如果再考虑成本的计算，这就是几乎所有讲流量、转化、增长黑客、社群营销等一系列的令人兴奋不已的课程的本质：**要么减少环节，要么集中提高某一个环节的留存率。**

加法法则有什么启示

从概率计算的角度来说，想增加潜在交往对象的数量还有一个方法，那就是把应用概率乘法法则的情况，转变成应用概率加法法则的情况。

我们知道，所有的事情都不可能两全，你想找一个既长得好看、又温柔、还要做饭好吃的女朋友，确实很难。如果我们守住这3个条件，但不要求她满足"又"的条件，而是满足"或"的条件，可能能转变成另一种选择视角。

如果我想找个要么长得好看，要么温柔，要么做饭好吃的女朋友，只要三个条件满足一个就可以了，那潜在交往对象的概率是多少呢？这时候，就不能应用概率乘法法则，而是要应用概率加法法则了。

假设满足每一个条件的概率分别是40%、40%和30%，那总的概率是40%+40%+30% = 100%吗？也就是说，我百分之百能遇到三个条件满足其一的潜在交往对象？你想多了。改成或的关系，将乘法变成加法之后，还要减去它们相互重叠的部分，毕竟总有潜在交往对象是长得好看又温柔，或者做饭好吃又长得好看等，要把这些相互重叠的概率减去。

最终概率虽然不是100%，但即使减去重叠的，理论上，潜在交往对象的概率也远大于任意一个条件的概率。使用加法法则还有一个好处，那就是你可以提高条件，你可以把长得好看从40%的标准提高到20%，把性格温柔也提高标准。虽然你对每一项的要求提高了，但只要各项要求之间的关系是"或"，遇到潜在交往对象的概率依旧会高于乘法框架下的概率。

乘法法则构建的是一个串行思考框架，需要依次满足各个条件，才能最终达成目标，而加法法则构建是一个并行思考框架，每一个条件都可以直接达成目标，这样完成目标的概率就会提升。

还是来看提高网站转化率的问题。最常见的处理方式其实是增加品类，客户不买这个，也许会买那个，反正最终的整体收入都会增加。所谓"深挖用户、提高存量用户价值"，"通过增加产品增加服务"，都是将应用概率乘法原则的情况改变成应用概率加法法则的情况。

公司招人同样也是如此。招优点突出、缺点也明显的人，可能比招一个各方面都很均衡的职员还要容易一点。敢于招优点突出的人，说明老板有容人之量、用人之能。而用这种方式组建团队的效率反而可能会更高。不要等那个你心中非常满意的、各方面都很优秀的天选之子出现，不如招一个某项能力突出的员工，这样既能给团队带来多样性，还能享受多样性带来的额外红利。关于多样性红利，很多书籍都有提及，这里就不展开讲了。

概率乘法法则和概率加法法则，不仅仅是做题时可以使用的两种计算工具，更重要的是，它们为我们开辟了另一种分析问题、处理问题的视角。

本节思考题

对于本书作者刘嘉老师，下面3句话哪句为真的概率最大？（　　）

　　A. 刘嘉老师是南京大学的老师

　　B. 刘嘉老师是南京大学的老师，他很爱做饭

　　C. 刘嘉老师是南京大学的老师，他很爱做饭，且酷爱运动

扫描二维码
查看解析

第 3 章

频率法

前两章中我们重点介绍了概率论的四块基石——随机、概率、独立性和概率度量，也介绍了概率计算的两个法则，至此，我们对概率论这座大厦已经有了基本的认知。

这一章，我们来详细介绍度量概率的第二种方法——频率法。频率法不仅囊括了概率论中最重要的结论，还是现代统计学的基础，其重要性不言而喻。

3.1 底层逻辑：抛一万次硬币能证明频率法靠谱吗

要理解频率法，我们得先理解"频率"这个词。所谓频率，就是某个随机事件在整体事件中出现的比率。一个随机事件出现的次数除以整体事件的次数，得到的值就是这个随机事件发生的频率。

频率法的基础逻辑是，在有足够多数据的情况下，随机事件发生的频率会无限接近它真实的概率。

比如，很多人认为飞机是一种危险的交通工具，那到底有多危险呢？我们知道，要衡量飞机的危险性，最直接的方法就是计算飞机失事的概率。我们用过去这些年飞机失事的次数，除以飞机总的飞行次数，就可以得出飞机失事的频率。根据频率法的底层逻辑，飞机失事的频率，大致等于未来飞机失事的概率。

再比如，想要预测江苏考生明年考上清华大学的概率，应该怎么做呢？我们可以把清华大学历年在江苏省的录取数据收集起来，用每年的录取人数除以那一年江苏省的考生人数，得出那一年的录取率。然后根据最近几年的录取率平均值，就可以大致得出一名江苏考生明年高考考上清华的概率。

总之，在频率法看来，概率是可以靠随机事件发生的频率来计算的。进一步说，频率法理解这个世界的底层逻辑是，一个随机事件的发生，是存在一个真实的、客观的概率的。只要我们做的试验足够多，或者掌握的数据足够多，计算出来的随机事件发生的频率，就会无限接近这个真实的、客观的概率。

当数据足够多时，一件事发生的概率可以用它发生的频率来度量。这句话看起来似乎很好理解，但不知道你有没有这样的疑问：概率和频率压根儿不是一回事，完全是两个概念，用频率来度量概率真的靠谱吗？好问题！下面我们不妨从试验检验和逻辑推理两方面分别验证一下。

频率法在试验上被验证

我们可以用定义法中常见的抛硬币的例子，通过多次试验，检验一下频率法在试验上是否能被验证。

在定义法中，硬币正面朝上的概率是50%。假设现在我们不知道50%这个数值，直接抛硬币，正面朝上的频率是不是真的就是50%呢？要不，你跟着我一起抛硬币试试？

我抛第一次时，硬币正面朝上。正面朝上的次数除以抛硬币的总次数，结果是100%，这个数值和50%差得太远了。这次试验失败了吗？当然没有，别忘了这是单独的一次随机事件，一次事件当然谈不上频率。要计算频率，总要多抛几次。

那我们来抛10次。我抛出了7次正面、3次反面，正面朝上的频率是70%，那正面出现的概率就是70%，这个数值离50%

还是差得有点远。能用抛了10次硬币得到的这个频率，来度量硬币正面朝上的概率吗？看来还是不行。不过，和只抛一次相比，这个频率的数值离50%近一些了。要不我们再多抛几次？

其实，不用我们再抛了，有很多数学家早就抛了几千、几万次硬币，并把结果记录了下来（见表3–1）。结果显示，抛了成千上万次后，硬币正面朝上的频率确实会非常接近50%。也就是说，大量的试验证明，频率法是靠谱的。

表3–1　部分数学家进行抛硬币试验的结果

试验者	抛硬币的次数	正面朝上的次数	反面朝上的次数	正面朝上的频率
奥古斯都·德·摩根 （Augustus de Morgan）	2048	1061	987	51.81%
乔治-路易斯·德·蒲丰 （George-Louis de Buffon）	4040	2048	1992	50.69%
威廉·费勒 （Walliam Feller）	10000	4979	5021	49.79%
卡尔·皮尔逊 （Karl Pearrson）	24000	12012	11988	50.05%
弗谢沃洛德·罗曼诺夫斯基 （Vcevold Romanovsky）	80640	39699	40941	49.23%

表3–1里的数字，是数学家们一次又一次地抛出硬币，一次又一次地记录下结果才得到的。每一个数字的背后，不仅有枯燥且乏味的试验过程，也有数学家们对寻找证据的执着。他

们一遍又一遍地重复试验，就是为了验证频率法和定义法的正确性，并给这些所谓的"显而易见的结论"建立信心。每当看到这些数字，我都能感受到数学家对探索世界、探索真理的满满的热情。

频率法在数学上被证明

抛开感性的因素，从理性的数学的视角来看，仅仅通过试验证明频率法靠谱是远远不够的，它还必须经过逻辑推理、严格证明。试验结果和我们的猜测再怎么一致，得到的结论也只能被称为经验，不能与数学中的结论等同起来。因为通过试验得到的结论不具有普遍意义，无法保证适用于所有情况，偶有特殊情况也可以接受；而数学中的结论则要求具有普遍意义，要对任何情况都适用，不能有任何例外。

我们抛几千、几万次硬币，能得出频率法靠谱的结论，但抛几十万、几百万次还是这样吗？就算抛几百万次还是这样，那能保证永远不会遇到特殊情况、结论永远成立吗？退一步说，就算频率法在抛硬币试验中一直有效，它在其他随机事件中也有效吗？

数学要的可不是经验结论，而是完完全全的基于逻辑的推理与证明。数学和很多学科最大的差异，也正在于此。

在其他学科中，我们常使用"定律"一词，这是指通过事实或试验获得的经验规律，比如我们熟知的牛顿三大定律。但这种经验规律是有一定的适用范围的，像牛顿三大定律就只适用于宏观、低速和弱力的情况。在数学中，我们会使用"定理"一词，它代表的是经过逻辑推理、严格证明的道理，不允许有任何例外。

你兴致勃勃地说你用10000个试验验证了你的猜测，你观察到"两点之间直线最短"，数学家往往会很冷静地杠一句："你能证明吗？"

在数学中，绝对不允许用试验、观察来验证一个问题或结论正确与否，数学的结论只能靠逻辑推演和证明来得出。数学证明才是数学意义上的确信。在没有证明之前，即使你观察到再多的规律，也只能叫猜想。比如哥德巴赫猜想，即任一大于2的偶数都可以写为两个素数之和。在可验证的范围内，人们发现哥德巴赫猜想是正确的，但是因为没有被证明，所以依然不能将其作为定理使用。现在你大概能明白，为什么数学皇冠上的明珠往往都是证明那些伟大的猜想了吧？

因此在试验验证了频率法可行之后，一众数学家出场了，他们通过数学上的逻辑推演，彻底证实了这个结论。

其中，第一个对频率和概率关系进行证明的，是雅各布·伯努利，一位17世纪的瑞士数学家，也是那个时代最有才华的数学家之一。他花了20年的时间，证明了这个"不言自明"或者说"显而易见"的结论——随着试验数据的不断累积，频率和概率的差距会越来越小。也就是说，只要试验重复的次数或者观测的数据足够多，随机事件发生的频率就会无限接近它的概率。这就是我们现在常说的"大数定律"。

证明过程这里就不讲了，你需要知道的是，正因为在数学上证明了大数定律，我们才从根本上确认了用频率度量概率是合理的。换句话说，频率法是确定靠谱的。

再深入一点，大数定律也证明了在相同环境、重复试验的条件下，用历史数据预测未来是可行的，也是合理的。而这一点，正是统计学的根基，也是很多使用统计学方法进行研究的学科的根基。

所以你看，大数定律非常重要。当年雅各布也意识到这一结论很重要，所以称之为"黄金定理"。

顺便说一句，类似于抛硬币这类只有两种结果的试验，后来被统称为"伯努利试验"。以后遇到要用抛硬币决定谁下楼拿外卖等情况时，你就可以说："来，我们做一次伯努利试验吧！"

需要注意的是，我们今天所说的"大数定律"其实不是一个定律，而是一系列数学家证明的、同时用他们的名字命名的定律的统称。它不仅包括伯努利证明的"伯努利大数定律"（通常称为弱大数定律），也包括在伯努利之后、很多数学家各自证明的更为严格的大数定律（通常称为强大数定律），比较常见的包括"波莱尔强大数定律""柯尔莫哥洛夫强大数定律"等。不同大数定律在前提假设上略有差异，在结论深度和角度上略有区别。

前面讲到了"定理"和"定律"的区别，不知道你有没有这样一个疑问：既然大数定律是在数学中严格证明了的，那应该叫定理啊，为什么会叫定律呢？这是因为"频率在大量重复试验的基础上会无限接近概率"这种经验法则意识的产生，早于现代概率论给出严格表述和证明出现。因此，我们约定俗成地称之为"大数定律"，而不是"大数定理"。

"足够多"到底是多少

如果你认真读了上面的内容，那肯定会发现，我在说大数定律时，都会加一句限定——"重复的次数足够多、积累的数据足够多"。可问题是，"足够多"到底是多少呢？

事实上，大数定律是一个数学上"无限"的概念，类似于"无穷大""无穷小"，是永远也无法触达的。想在现实中达到无限？"臣妾真的做不到啊"。

所以，要想让这么有用的大数定律真正能够用在现实中，就必须让需要重复的试验次数或者采集的数据量变成有限的。如何实现这一点呢？答案是给出一些限制条件。

数学家专门设置了两个概念：一个叫作"精度误差"，另一个叫作"置信度"。这两个概念听着很高大上，但我一解释你就能明白。

大数定律告诉我们，数据越多，频率就会越接近概率。当然，只是接近，也就是在真实概率上下浮动。浮动的范围就是精度误差。比如，那些数学家们抛硬币的结果，正面朝上的频率并不是刚好等于理想的50%，试验值和理想值之间的差距就是精度误差。假如你做了几组试验，每组试验抛出正面朝上的频率是47%～53%，那么精度误差就是3%。

针对某一个精度误差，比如3%，我做100组试验，这在统计学上叫有100组样本，如果有95组样本的频率正好在这个精度误差的范围之内，我们就称之为95%的置信度。

"精度误差"和"置信度"都是统计学的概念，不需要过多地深入学习。你只需要理解一点——通过这两个限定，容忍一定误差的发生，我们在用频率度量概率时，可以大幅减少试验的次数或者采集的数据量。

比如，设定99.9%的置信度和2%的精度误差，就可以把试验重复的次数从无限降低到7000次左右；如果把置信度降到95%，重复次数可以降低到2500次左右；如果再放宽点标准，把精度误差从2%变成3%，试验次数可以下降到1000次左右。我们在保证概率相对准确的前提下，"牺牲"一点点精度，就可以大幅度减少试验次数或者样本采集的数量，使得试验切实可行。

今天，95%的置信度已经成为许多学科，比如经济学和医学的实际参考标准。民意调查也常常将95%的置信度和3%的精度误差结合在一起，从而确定调查人数。

当我们通过频率来度量概率的时候，数学上完全理想的效果是无法达到的。我们必须在概率精度和工作量之间进行取舍，最终达到平衡。

现实中，几乎所有的数据调查和统计结果都有以下共性：一方面，都是基于用频率来度量概率这个底层逻辑来进行的；另一方面，都要在概率精度上做出一定程度的妥协。

本节思考题

你遇到过要用频率度量的概率问题吗？这些度量有标注限定条件吗？

扫描二维码
查看解析

3.2 大数定律："否极泰来"有科学依据吗

频率法在试验和数学中得到验证和证明，给我们认识世界带来了很大的信心。这意味着，我们可以用某一件事已经发生的频率，去预测它未来发生的概率，也就有了通过历史预测未来的可能性。

这一节，我们详细了解一下频率法的基础——大数定律。

大数定律证明了整体的确定性

上一节提到，雅各布·伯努利证明的大数定律又被称为弱大数定律，后来又有数学家证明了强大数定律。两者到底有什么差别呢？

弱大数定律的本质是，试验的次数越多，频率接近真实概率的可能性越大。注意，这里说的是"可能性"。也就是说，弱大数定律只证明了随着数据量的增加，频率接近概率的可能性越来越大，但并不是100%的一定接近。这在数学上有个专业名词，叫"依概率收敛"。

弱大数定律是一个伟大的证明。伯努利的伟大之处在于，他找到了对抗局部随机性的办法，用频率构建起了确定的整体概率。通过他的证明我们知道，不管局部怎么随机，整体概率稳定的可能性都是非常大的。

但整体概率稳定的可能性很大和一定稳定，还是有些差别的。只有一定、100%的稳定，才是真正的确定性。

20世纪，苏联数学家、概率论的先驱安德雷·柯尔莫哥洛夫（Andrey Kolmogorov）在伯努利的基础上，做出了更加严密的证明，也就是"强大数定律"。他通过计算证明，随着数据越来越多，频率接近概率不仅是可能性越来越大，而是一定。也就是说，随着数据越来越多，频率最终一定会接近真实的概率。

数学家先用弱大数定律找到了整体，又用强大数定律确定了整体一定是稳定的。至此，大数定律完整确立。

现实中的频率都是局部频率

保证了整体的确定性，我们就能用大数定律搞定这个世界了吗？很遗憾，不能。因为大数定律起作用有个限制条件——只有在数据无限的情况下，随机事件发生的频率才等于它的概率。但上一节讲了，无限是个数学概念，现实中哪有什么无限呢？

无论我扔了多少次硬币，都是有限次数的；无论我记录了多少次飞行的数据，都是有限次数的；无论我记录了一个球员多少场比赛投篮的命中情况，都是有限次数的……准确地说，现实中所有的事情都是有限的。我们记录的所有频率，都只是一个随机事件局部的频率。

问题是，只有数据量足够大的时候，局部频率才会接近整体频率，才等于真实概率。当数据量很小的时候，事件的局部频率可能和事件的真实概率相差很大。

请注意一点，这里的"数据量足够大"和"数据量很小"是一个相对的概念。有些时候，即便你拥有了某个事件的全部数据，注意是全部的数据，这个数据量也不一定足够大，所得的频率也是局部频率。

举个例子。英国和法国曾经共同研制了一款超音速客机——协和式客机，并于1976年投入使用。该客机能够在15000米的高空以2.02倍音速巡航，从巴黎飞到纽约只需要3小时20分钟，比普通民航客机节省一半以上的时间。

协和式客机不仅拥有当时最高级别的安全设计，还有当时最高级别的安全保障，所以在长达24年的飞行中，它没有发生过一起致死事故，一度被认为是世界上最安全的飞机。直到2000年7月25日，协和式客机出现了一次坠机事故。

在那之前，协和式客机总共飞行了八万多次。因为这次坠机事故，它的致死事故率立即从24年来的0，突然上升到了八万分之一，约百万分之十二，也就是每百万次飞行失事约12次。作为对比，波音737客机飞行超过了一亿次，其致死事故率为每百万次飞行失事约0.4次，只有协和式客机的 $\frac{1}{30}$。

这是协和式客机发生的唯一一次重大事故。但因为这次事故，它一下子从世界上最安全的客机变成了最危险的。仅仅三年之后，协和式客机就停飞了。

你说波音 737 客机真的比协和式客机安全 30 倍吗？不一定。协和式客机的飞行数据太少了，只有区区八万多次，客机出现致死事故的频率和真实的事故概率之间，可能有很大的误差。

这个误差到底有多大呢？那次失事是意外，还是飞机的设计真的有缺陷？八万分之一的致死事故率到底比真实概率大，还是比真实概率小？这些我们都无法知道，因为没办法让协和式客机再飞一亿次了。

我们只知道，当数据量有限时，局部频率和整体概率之间是有误差的。随着数据量的增加，局部频率才会越来越接近整体概率。

如果把局部频率形象地比喻为一棵树，那么数据量小的局部频率就像一棵柔韧的小树，当狂风吹过来的时候，小树的主干会东倒西歪，偏离真实的整体概率。数据量大的局部频率就像一棵稳固的大树，狂风吹过时，它的枝叶也会随风摆动，但它的主干是稳定的，与整体概率的差距很小。

大数定律就像一根绳索，用整体的确定性约束着局部的随机性，随着数据量的增加，把频率这个口袋越勒越紧。

整体不需要对局部进行补偿

大数定律中这种整体确定性对局部随机性的约束作用，是如何保证的呢？

很多人会有一种朴素的想法，认为这种作用是通过补偿来实现的。举个例子，当硬币连续抛了10次都是正面朝上时，很多人就认为，后面抛出反面朝上的频率肯定得更高一些。因为只有这样才能补偿不平衡的状况，要不然怎么保证最终硬币正面朝上的频率还是50%呢？

这种思维叫作"补偿思维"。"补偿思维"看起来很合理，但其实是错的。事实上，整体不需要通过补偿来对局部产生作用，大数定律并不通过补偿来实现。

还是刚才的例子，假如抛硬币前10次都是正面朝上，正面朝上的频率是100%。我们再抛1000次，假设500次正面朝上，500次反面朝上，没有补偿吧？现在正面朝上的频率是多少呢？510除以1010，也就是下降到了50.50%了。如果再抛10000次，假设5000次正面朝上，5000次反面朝上，还是没有补偿，但这时正面朝上的频率就变成了50.05%，非常接近50%了。

发现了吗，大数定律并不是通过补偿作用来实现的，而是利用大量的正常数据，削弱那部分异常数据的影响。

举个形象点的例子。把一勺糖放在一杯水里，你会觉得水很甜，可是放到大海里，海水的味道几乎不会有任何改变。这勺糖就像异常数据，海水就像大量的正常数据。我们并没有把糖从大海里取出来，也没有想办法去削弱糖对海水味道的影响，糖仍然在，只是大海里的水太多了，一勺糖对海水味道的影响，小到可以忽略不计了。

这下你明白了吧，对已经发生的异常情况，大数定律并不进行补偿，而是削弱。正常数据越多，异常数据的影响就越小，直到小到可以忽略不计。

整体通过均值回归对局部起作用

我们怎么保证未来一定有大量的正常数据呢？换句话说，整体的确定性到底是如何保证的呢？这就要提到另一个词——均值回归。

均值回归的意思是，如果一个数据和它的正常状态相比有很大的偏差，那么它向正常状态回归的概率就会变大。现实中，均值回归的例子有很多。比如，高个子父母生出的孩子往往不如父母高；股票久涨必跌，连续涨停的股票，往往接下来就要下跌；一名基金经理负责的基金产品连续几年都有超高收益率，但没过几年这名经理就进入了平庸期，交不出这么亮眼的业绩了；美国职业篮球联赛的最佳新秀，次年往往会遇见"新秀墙"，表现不如第一年抢眼；这一场飞行极其优秀的飞行员，下一次飞行训练时水平会有所下降，不再是最优秀的了，等等。

其实，均值回归更准确的叫法是"趋均值回归"，即趋向均值的方向回归。所以，该理论产生作用的对象，是那些特殊的、异常的、极端的数据。这些异常状态是没法长期持续的，或者说，这种极端、异常状态继续保持下去的概率非常小，回归正常值也就是均值的概率会非常大。至于是比正常值稍微高一些，还是稍微低一些，则都有可能，这依旧是完全随机的。

比如，一位学生正常的数学水平是80分，这次考试超水平发挥考了100分，下一次考试，他大概率考不到100分，更可能考90分、80分，也可能考70分。这些分数都比100分正常，也都更接近他的真实水平。也就是说，大数定律是通过均值回归理论，而不是通过补偿作用——上次考100分，这次只能考60分、50分这样的低分——来发挥作用的。

总之，**大数定律不需要补偿，而是通过均值回归，通过产生大量的正常数据，削弱之前异常数据的影响。**

明白了这个道理，再去审视我们的生活，很多现象就好理解了。我们日常所说的一些俗语也蕴含了概率思维。比如，看到世事变化无常时，我们会说"三十年河东，三十年河西"；运气不好、处在逆境时，会说"否极泰来"。怎么理解这些话呢？

严格来说，它们都有一定的道理，但又不全对。说它们有一定的道理，是因为其中蕴含了朴素的概率思维，即在大多数情况下，不正常的状态难以持续。一个人的运气不可能一直坏嘛！说它们不全对，是因为不管是"三十年河东，三十年河西"，还是"否极泰来"，背后都蕴含着前面讲的补偿思维，也就是认为"三十年河东"后，之后一定会"三十年河西"；"否极"后一定会"泰来"，一定有好运气。

但我们现在知道，大数定律并不是通过补偿来实现的。极度的坏运气过后不一定就会有好运气，更可能是回到运气不那么好也不那么坏的正常状态。所以，更准确的说法应该是，"否极"后，可能"泰来"，但更有可能回到运气不好不坏的状态。

本节思考题

　　报纸上说，你所在城市的一家医院，这周出生的孩子中90%都是男孩，这太奇妙了，真是一家有魔力的医院。根据你的概率知识，这种现象最可能出现在什么样的医院呢？（　）

　　A. 一定是城市里最大、最著名、最拥挤的妇幼医院。他们有很多经验，已经成功掌握了生男孩的法门

　　B. 大概率是一家很小的私立医院或社区医院。这类医院中出生的孩子数量很少，所以性别会有波动，某周出现90%的男孩并不奇怪

　　C. 大医院和小医院出现这种情况是相同概率的，所以无法分辨医院的情况

扫描二维码
查看解析

3 数学期望：靠买彩票发家为什么不现实

　　学完前面两节的内容，我们知道了如何利用频率法计算一个事件的不同结果发生的概率。但得到了概率，我们就对这一事件有整体的认知了吗？就能清晰地判断这一事件的价值了吗？

　　以股票为例，我们都知道未来股票价格是随机的，有涨有跌，还有可能保持不变，而且涨跌的幅度也不一样。假如有一只股票，现在的价格是50元，未来有40%的概率涨到60元，有30%的概率保持不变，还有30%的概率跌到35元。看完这一描述，你对这只股票有了整体的认知吗？或者说得更直接一点，这只股票值不值得买呢？

　　这时候，只有概率就不行了，我们还需要了解另一个指标——数学期望。

数学期望是对长期价值的数字化衡量

　　数学期望简称期望，**本质上是对事件长期价值的数字化衡量**。如何得到数学期望的值呢？方法很简单，就是对随机事件不同结果的概率加权求平均。说得简单一点，就是先把每个结果各自发生的概率和带来的影响相乘，然后把得到的数字相加。

最终得到的结果就是数学期望。

回到上面股票的例子，这只股票到底值不值得买呢？我们可以计算一下股票盈利的数学期望值：

$$E(\text{profit}) = (60-50) \times 40\% + (50-50) \times 30\% + (35-50) \times 30\%$$
$$= -0.5 \text{（元）}。$$

也就是说，虽然这只股票上涨的可能性比下跌的可能性更大，但从整体上看，这只股票趋向于亏钱，不值得买。

这只是一个简化的例子，我们再举一个使用数学期望进行决策的真实案例。

篮球有三种得分方式——篮下投篮、中距离投篮和三分球。篮下投中和中距离投中都得2分，而三分球距离更远，投中得3分。当然，距离越远，投篮命中率一般就会越低。总之，篮下和中距离投篮命中率高，但是得分低，三分球命中率低，但是得分高。哪种得分方式更有效率呢？

"更有效率"是一个长期价值。而一旦要判断一件事的长期价值，数学期望就派上用场了。每种得分方式的数学期望值，可以用得分情况和平均命中率来计算。具体来说，篮下每投中一球得2分，如果平均命中率是55%，那篮下出手的数学期望值就是

$$E = 2 \times 55\% + 0 \times 45\% = 1.1 \text{（分）}。$$

篮下投篮要么投进得2分，要么投不进不得分，不可能得1.1分。那1.1分是什么意思呢？它是说从长期来看，平均每次篮下进攻可以得到1.1分。数学期望，就是用来衡量这种长期的

平均价值的。

类似地，中距离投篮也是得 2 分，球员的平均命中率是 45%，那中距离投篮的数学期望值就是

$$E = 2 \times 45\% + 0 \times 55\% = 0.9 （分）；$$

三分球得分是 3 分，平均命中率是 35%，那三分球投篮的数学期望就是

$$E = 3 \times 35\% + 0 \times 65\% = 1.05 （分）。$$

每种投篮方式的价值原本没办法衡量，但计算完数学期望，就可以比较了。篮下进攻和三分球的数学期望都比中距离投篮高，所以应尽可能多地篮下投篮和投三分球，少投中距离球。长期来看，这是更有效率的选择。

这可不是个思想实验，在美国职业篮球联赛这个世界顶级的篮球联赛中，不少球队就是按照这个思路建队的，即重视优秀的中锋或者有突破能力上篮的外线球星，囤积有防守能力的三分球选手，主要以高效的篮下进攻和三分球来得分。这个思路就是当下流行的"魔球理论"。"魔球理论"最早源于棒球领域，后被应用在篮球领域，并被美国职业篮球联赛很多球队广泛采用。

数学期望本质上就是对事件长期价值的数字化衡量。一看到"长期价值"这四个字，我们就知道，数学期望之所以有效，也是大数定律在背后起作用。大数定律把局部的随机性变成了整体上的确定性，也就是概率；而数学期望又把概率代表的长期价值变成了一个具体的数字，从而方便我们进行比较。

计算数学期望必须把结果数值化

用数学期望衡量长期价值有一个前提，就是所有随机出现的结果都必须数值化，也就是变成一个具体的数字。只有这样，我们才能计算。

比如你问"回老家工作好，还是留在北京工作好"，如果只停留在"留在北京工作机会多，但竞争压力大；回老家生活压力小，但发展机会少"这些条件上，就没法计算每种结果的数学期望并做出比较。只有给每个结果赋予一个具体的数字，比如工作机会多对自己很重要，打10分；竞争压力小对自己没那么重要，打5分，这个问题才真正变得可以比较。

游戏设计中也涉及数学期望及赋值。我们知道，游戏是需要一些随机性的，否则就会非常无聊。对于一些简单的游戏，比如斗地主，最简单的增加随机性的方法，就是不能让人每次都摸到一样的牌。而对于一些复杂的游戏，比如网络对战游戏，游戏设计者会采用设置不同的技能指标，比如暴击率、格挡率等，来增加随机性。

对于游戏公司来说，怎么保证所谓的游戏平衡呢？换句话说，如何设置暴击率、格挡率等指标，才能做到不让某些职业特别强、某些职业特别弱呢？这时候，他们使用的就是数学期望。给技能的伤害、防御、暴击率、格挡率等指标全部赋予一个具体的数值，然后计算出每个职业生存的数学期望。通过调整数值，让不同职业的数学期望值相等，最终达到游戏平衡。

一些游戏会不断调整某些职业或某个英雄的具体参数。比如，这个英雄太弱了，就增加10点攻击力；那个英雄太强了，就减少100点生命值……其实，这样做就是在调整它们的数学期望，争取达到长期的平衡状态。只有这样，才能提高游戏的公平性和可玩性。

你看，当所有的随机结果都被赋值时，我们就可以对各种结果进行比较了。

个体的数学期望并不一样

一旦要对结果赋值，你肯定马上就能想到，这其中一定存在个体差异。同一个结果，每个人赋予它的值肯定是不一样的。彼之砒霜，吾之蜜糖嘛。

举个例子，有一种残忍的赌博游戏叫俄罗斯轮盘赌，它的规则是这样的：左轮手枪有6个弹仓，里面放1发子弹，其他5个弹仓是空的。任意旋转转轮之后，对着自己的脑袋打一枪，如果是空枪，你就赢了，奖金100万；如果有子弹，你就挂了，什么都得不到。你愿不愿意玩这个游戏呢？

要计算这个游戏的数学期望，就涉及怎么对生命赋值了。你可能会说，我的命是无价的，这个游戏永远不值得玩。可是，这个世界上就是有人愿意拿命来玩俄罗斯轮盘赌。比如1978年，美国芝加哥摇滚乐队的首席歌手就在表演这种游戏时送了命。

可能玩这个游戏的人觉得，玩游戏时获得的某些东西比生命更有价值。

你看，同样一件事，在不同人的看来，价值是不一样的。这时候，数学期望对每个个体来说就都是不一样的。这倒不是因为数学期望的计算方法不同，而是因为不同的人对随机结果赋予的价值不一样。经济学中的效用和机会成本，其实就都是对数学期望的计算。

比如同样一杯水，对一个在沙漠中走了一天、滴水未进的人，和对一个已经喝了三杯水的人，其价值完全不同。同样一杯水，对于不同的人，或者处在不同状态的同一个人，其价值是完全不同的，这就是经济学中所说的"效用"。

再比如，一份年薪百万的工作，对大多数人来说是非常有诱惑力、非常有价值的机会，而对比尔·盖茨、马克·扎克伯格来说，这根本算不上什么机会，因为他们如果做这份年薪百万的工作，放弃的可能是千万、上亿的收入。这就是经济学中的"机会成本"。

但同时我们也必须知道，这种个体的主观考量，只影响数学期望的计算结果，并不妨碍数学期望起作用。

明白了数学期望，就能明白生活中的很多道理。比如，我们常说"不能奢望靠买彩票发家"，为什么呢？我们分析一下，假设有1000万张彩票，每张售价1元，其中有一张能中奖，奖金为600万元。该不该买呢？先计算一下这一事件的数学期望值。我直接给出结果，是 -0.4 元。也就是说长期来看，每买一张彩票，就亏 4 毛钱，所以当然不应该买。

再比如，几乎所有的金融产品，比如基金、股票等，要判断它们是否值得投资，都可以使用数学期望来进行。如果某款产品赢的期望超过输的期望，也就是说数学期望是正的，就证明它值得长期投资。这就是金融领域价值投资的真谛。

除此之外，我们还可以通过计算数学期望，判断一个游戏值不值得玩，以及哪些事值得做，哪些险不值得冒。

数学期望是衡量一件事的长期价值、判断一件事值不值得做的重要指标，它始终是正确的。下次遇到难以决断的事情时，你要做的不是拍脑袋，而是计算一下它的数学期望值。

本节思考题

1、一个掷骰子游戏的规则是这样的，掷出 1 点得 1 元，掷出 2 点得 2 元，以此类推。如果玩这个游戏每局都要付钱，请问付钱金额不超过多少时，这个游戏才值得玩？

2、在你的经历中，有哪些事情从整体期望上看是不值得做的，但按照你自己的价值判断，却是值得的呢？

扫描二维码
查看解析

3.4 方差：为什么说巴菲特是一名出色的投资者

学习了数学期望，就能完整地描述一个随机事件了吗？换句话说，学会了计算数学期望值，就能清楚地衡量一件事的价值了吗？就能用它指导我们的决策了吗？

以上问题的答案都是不能。

比如说，你有一笔闲钱，现在有两个投资方案：方案一，收益非常稳定，100%净赚5万元；方案二，收益不稳定，有50%的机会赚20万元，也有50%的可能性赔10万元。两个方案你会选择哪个？可能很多人会说，肯定是第一个嘛，稳赚不赔，多好的选择。但肯定也有人会说，风险越大赚得越多，还是选方案二博一下嘛！

别慌，让我们按上一节学的，先计算一下两种方案的数学期望值。第一种方案是5万元，第二种方案也是5万元。从数学期望的角度来说，两个方案没什么区别，都值得投资。但你能说这两个方案是一样的吗？

显然不能。具体的区别在哪儿呢？

区别就在于，两个方案收益的稳定性不同：第一个方案非常稳定，稳赚不赔；而第二个方案非常不稳定，不赚20万就得赔10万，波动性很大。

问题就出在波动性上。上一节讲了，数学期望是对随机事件长期价值的定量化衡量。注意，是长期价值。对于大多数人来说，方案一稳赚不赔，可以长期执行；而方案二波动性太大，很容易赔钱，根本没办法长期执行。

想象一下，你不是拥有无限财富的虚拟人物，而是一个手上全部可用资金可能都不到10万元的真实的人，比如我。如果选择方案二，万一第一次就赔了10万元，别人找你要钱的时候，你可不可以告诉他，"请稍等，根据数学期望的计算结果，我继续投资下去肯定会赚，这样就有钱给你了"？当然不能。尽管从理论上说，这个想法是对的，但现实中的很多人，基本不会有继续的机会。

所以，数学期望相同，并不代表两件事的价值就一样。随机结果的波动程度，同样对一件事的价值、对我们的决策有着巨大的影响。在描述和思考一个随机事件时，我们还得考虑这种波动性。这就涉及一个专业概念——方差。

随机结果围绕数学期望的波动范围

简单来说，方差描述的是随机结果围绕数学期望的波动范围。

对于上面提到的两个投资方案，方案一，稳赚5万，结果很稳定，完全没有波动性；方案二，要么赚20万，要么亏10万，围绕着数学期望5万元产生了上下波动。这种波动性，就是我们说的方差。

对于一个随机事件，因为数学期望描述的是长期价值，所以它无法反映这种波动性，但方差可以。方差通过一个数值定量了这种波动性，弥补了数学期望描述随机事件的不足。

问题来了，方差怎么计算呢？用一句话来说，方差就是结果值与数学期望值之差的平方的均值。看起来非常绕，我们举例看一下。

第二个方案中，有 50% 的概率收益 20 万元，有 50% 的概率亏 10 万元，每次投资的数学期望值是 5 万元，两者之差是多少？对于收益来说，是 200000-50000＝150000（元）；对于亏损来说，是 -100000-50000＝-150000（元）。分别求平方再求平均，即方案二的方差为

$$D_2 = 50\% \times (200000-50000)^2 + 50\% \times (-50000-100000)^2$$
$$= 2.25 \times 10^{10}。$$

而方案一，100% 稳赚 5 万，方差是多少呢？按上面的方法算，方案一的方差为

$$D_1 = 100\% \times (50000-50000)^2 = 0。$$

很明显，方案二的方差要大得多，说明它的波动性非常大。

不过，这些都不重要，甚至连方差的计算公式也不重要。你需要记住的只有一点——**方差，反映的是随机结果围绕数学期望的波动范围。**

标准差与方差

看到这里你可能会有一个疑问，为什么要用差值的平方来衡量波动性呢？为什么不用绝对差或者立方差呢？

用绝对差衡量波动性似乎更便捷。比如，有两个数字12和8，它们的均值是10，用绝对值衡量平均波动是2；13和7的均值也是10，用绝对值衡量平均波动是3。很明显，13和7的波动幅度更大，也就是说，用绝对值衡量波动性是没有问题的，那我们直接求差就好了，为什么要给自己找麻烦，用平方差呢？

答案是，平方差能够更有效地区分差别。专业的说法是，绝对差给所有差异提供的是相同的权重，而平方差为距离平均值较远的数字提供了更多权重。这句话读起来会有些难懂，还是通过一个简单的例子来说明。

有两组平均值都是0的数字，第一组是50、50、-50、-50，第二组是0、0、100、-100。如果计算一下它们绝对差的平均值，结果都是50，从结果看波动性是一样的。但其实很明显，第二组数字相对平均值的波动幅度更大，绝对差体现不出这种差异。而计算平方差后，差距就能看出来了。同样均值是0，第一组数字的方差是2500，第二组数字的方差是5000。你看，用平方计算，波动的差距就看出来了，因为平方操作会让较大的值变得更大，它有一种放大的效应，这就是"为距离平均值较远的数字提供了更多权重"的意思。

那么为什么不选用三次方、四次方呢？一方面是因为平方的放大效应已经够了，不需要三次方、四次方来赋予远离值更多的权重了；另一方面，在统计学的后续计算中，比如微分的计算，平方比三次方、四次方要方便得多。也就是说，平方既能展示更大的差异，又提供了更便捷的计算方式。

衡量波动性不用绝对差，而用差的平方，了解了这个选择背后的意义，对实际工作也很有用处。

比如，如果你是部门领导，在计算 KPI、绩效并进行工作考核时，如果想表扬突出贡献者，或者惩罚某位表现特别差的员工，平均值这种绩效计算方式可能就没有办法突出这种差异，这时，记得使用平方。

需要注意的一点是，方差只是一个能有效衡量波动性的数值，但这个数值其实没有什么现实意义，真正有明确的现实意义的、衡量波动性的数值，是另一个数学对象——标准差。标准差是方差的平方根，两者都是概率论和统计学中的重要概念。

标准差的现实意义是什么呢？比如，人类智商的平均分是 100，标准差是 15。你的智商测出来是 120，离均值差 20，用差值 20 除以标准差 15，大概等于 1.3，用概率与统计学的说法，就是你比均值高 1.3 个标准差。这代表什么呢？无论你查概率分布表，还是带入公式，都能得出这样一个结果：你的智商比均值高 1.3 个标准差，对应你的智商在人群中是前 9.7% 的，或者说你的智商是十里挑一的。所以，标准差的数值在具体应用中很直观，很有帮助。

不同的数学名词就好像工具箱里不同的工具，每个工具都有自己的特性，能够解决不同的现实问题。就像标准差和方差，两个工具看起来很像，各自却有不同的用处。

方差的本质是对风险的度量

方差值没有现实意义，那方差本身有什么现实意义吗？当然有！方差越大，说明这件事的波动性越大。而我们平时常说的风险，本质上指的就是波动性。所以，方差的本质就是对风险的度量。

一个随机事件的方差越大，可能的结果离数学期望值就越远，它的风险也就越大。比如，从长期来看，股票的投资回报率，也就是数学期望更高，但为什么还是有很多人觉得股票是个坑，反而更愿意选择回报率更低的国债或者货币基金？其实就是考虑到了两者方差的不同。股票起伏不定，方差太大，风险太高；而国债和货币基金很稳定，方差很小，风险也很小。

为什么我们常说"投资多元化""不要把鸡蛋放在同一个篮子里"？本质上也是基于对方差的考量。如果把钱投入一家公司、一只股票上，一旦它遭受冲击，亏损就会比较大；而如果分散投资，这种投资组合的方差就很小，风险也就更低。

即使不谈投资理财，方差在我们的生活中也很有现实意义。

比如，任正非曾经对记者说，他觉得年轻的时候对不起孩子，因为当时自己是军人，一年才有一次探亲假。虽然休假的这30天能天天见到孩子，但一年中还有330多天都见不到孩子。就陪伴孩子这件事来说，这个方案的方差就很大。如果换种探亲的方式，比如每隔11天回家1天，方差就小多了。这样就做到了经常陪孩子，任正非的内疚感也许就不会那么强烈了。

你看，虽然都是一年中有30天能见到孩子，数学期望一样，但集中在30天和分散在一年，是完全不同的两种感觉。

工作也是一样。一家公司的员工收入全凭各自的能力，因此员工收入差距很大；另一家公司员工收入则比较均衡，大家都差不多。虽然从长期来看，两家公司大部分员工的收入也差不多，但在这两家公司工作，你的感受可能完全不一样。再比如为什么很多人喜欢公务员、事业单位的工作，本质上就是因为这种工作的方差更小，波动性更小，也就是我们常说的更稳定。

如何对抗和利用方差

方差本身是中性的，无所谓好坏，但在现实生活中，我们确实可以通过采取不同的策略来对抗或者利用方差，从而达到自己的目的。

首先，我们可以通过增加本钱的方式对抗波动性。

道理很简单，本钱越多，你承受风险的能力越强。回到本节开头的投资游戏，大多数普通人之所以不选择第二个方案，其实就在于没有足够的资金储备。只要第一局输了，可能就会被赶出游戏，根本没办法长期参与。

但换个角度，如果你是亿万富豪呢？如果你的本钱是无限的呢？可能某几次会输，但没关系，长期投资下去，你终将会成为赢家。可以说，有了足够的本钱，也就有了把游戏继续下去、与数学期望搏一搏的可能。

其次，只要增加数据选择，就能达到对抗方差和波动性的目的。

比如，预测一个学校的高考升学率，就不能只看某一个学生或者某一个班的成绩，因为这样风险太大。如果恰巧遇到的是个学霸班级，就会导致预测失误。这时候怎么办呢？增加数据量。把全校10个班的学生成绩都采集上来，甚至把全市、全省、全国的对比数据都采集上来，这样就能做出更准确的预测。

最后，我们也可以通过人为设计主动扩大波动性，利用方差达到自己的目的。

比如，如果你经营体育彩票，在数学期望确定的情况下，怎样才能刺激大家多买呢？其中一个方法就是扩大方差，增加波动性。就像前面分析的，买彩票是个赔钱的买卖，那全世界的彩票为什么还都卖得出去呢？就是因为彩票公司把方差拉得特别大。大部分人中不了奖，但一等奖、特等奖的奖金特别高，甚至高达500万元，这样就会有很多人抱着中500万元的想法去买彩票。如果把彩票的方差设置为0，也就是说每张彩票都有奖，奖金都是几毛钱，肯定就没人买了。

你看，通过扩大方差，增加波动性，一件事就会变得很刺激。

生活里也是这样。虽然日常我们追求稳定，但是如果能在稳定的基础上适当提高一下方差，增加一些波动性，比如偶尔进行一次旅行，偶尔出去吃顿好的，偶尔给媳妇买个奢侈品包，都会让生活更加丰富多彩，大家的幸福感也会更高。

生活中的实力与运气

我们学习数学期望和方差，不仅是为了学习这一点数学知识，更是希望通过这些内容，提升我们的思维能力和认知水平。比如，正确理解实力和运气的关系。

无论在生活还是工作中，实力和运气总是相互缠绕，那么我们该用什么样的心态来看待实力和运气呢？

举个例子，在学习中，一个学期总共需要掌握100道题，你会做其中的80道，那么明天的期末考试你能考多少分呢？

答案是：不知道。会做80道题，考试应该能考80分，这就是你的实力。但明天的考试真的能考80分吗？不一定，因为实力并不等同于结果，两者之间还差着运气。运气是什么？运气就是期末考试究竟考几道题，以及考了哪几道题。

如果期末考试时老师在这100道题中随机抽20道题，这20道题都是你会做的，那么你就能考100分；如果这20道题正好都是你不会做的，你就只能得0分。

当然，在不断地随机抽20道题的情况下，考100次、1000次，你的平均得分应该在80分上下，这就是实力。实力本质上就是你成绩的数学期望。而具体某一次考试究竟考哪20道题，你能得多少分，这就是运气，运气本质上是被方差决定的。

简单来说，**实力是数学期望，运气则是方差**。用一个简单的公式来表示实力和运气的关系，那么应该是：

运气＝结果－实力。

像中考、高考这样关键的考试，试卷都追求覆盖更多的知识点，就是为了降低方差，尽量减少运气对考试成绩的影响。

当然，无论运气如何，实力的作用都是最重要的。实力强的人，能够抗住运气不好带来的影响。这很明显，如果100道题你会做95道，期末考试出了20道题，最差的情况，你也能得75分，而且你有 $\frac{1}{3}$ 以上的概率能拿满分。这就是实力的价值，实力是用来对抗运气不佳带来的负面影响的。

不同的工作、不同的活动中，实力和运气所占的比例是不一样的。

比如跑步、拉小提琴、下围棋这些活动，就很少能靠运气取胜，真正靠的是经验，是能力，是熟能生巧，是举一反三。这是一些更靠实力主导的活动。

而买彩票、玩扑克、搞投资，就离不开好运气了。在运气的影响更大的情况下，做好每一个环节未必会获得立竿见影的成功。实力作为数学期望，虽然长远来看会起到决定性的作用，但具体到某一次时，付出未必就有相对应的回报。

在不同行业中，成功所需要的实力和运气的比例是不一样的。这时，你大概可以分辨那些成功者究竟是更依赖实力，还是更依赖运气。

比如围棋，这是一个几乎全凭实力的领域，如果某个人连续多次获得世界第一，那他的实力就是决定性的强；而绘画、音乐，则是需要一点运气的行业。能够青史留名的大画家、大音乐家，在各自不俗的实力的基础上，很多时候也需要一点点运气。

股票投资领域，则是一个运气占比更大的行业。在这个领域中，如果一名投资经理一年、两年拿到了很好的收益，他很可能是靠运气，但如果长期收益领先，就很难只靠运气了，更可能是他的实力非常强，比如巴菲特。

在1965—2014年这50年中，巴菲特的伯克希尔·哈撒韦公司有42年打败了市场的大盘。如果当初你花1元买了它的股票，现在能值1万元，与此同时，标准普尔指数只涨了23倍。

我们假设，巴菲特完全靠运气，他有50%的可能性打败市场。那么50年下来，他平均打败市场的次数应该是25次。可是，巴菲特在这50年赢了42次，如果纯靠运气，这一结果发生的可能性只有百万分之一。

从这个角度来看，我更愿意相信巴菲特是一名出色的长期投资者，在这个方差很大的领域，他确实有实力的概率非常大。

再回到前面那个问题，100道题，你会做80道，如果随机抽20道，我们直观地知道你考75～85分的概率仍然是最大的，但究竟有多大呢？

答案是，你大概有 $\frac{2}{3}$ 的概率拿到75～85之间的分数，这是怎么算出来的呢？这就是下一章概率分布的内容了。

本节思考题

1、假设有一只基金，80%的概率是获得10%的收益，20%的概率是亏损15%，那么这只基金的方差是多少？

2、投资界有个加倍投注法——只要输一次，就加倍投注，直到赢为止。你能用这一节的内容分析一下，这是一种必胜的手段吗？

扫描二维码
查看解析

第**4**章

概率分布

了解了一个随机事件的概率分布情况，就能描述事件所有可能的结果，就像从上帝视角俯瞰世界一样，从整体上把握这一事件的基本轮廓，这也为进一步探索其中的规律提供了可能。

4.1 概率分布模型：如何用数学模型来描述现实世界

你可能听说过正态分布、幂律分布这些名字，对它们可能也有或多或少的了解。这一节，我们就从概率论的角度，从根本上讲清概率分布的内容。

随机变量与概率分布

数学家善于将现实问题抽象化，因为只有将现实问题抽象为数学问题，才能用数学方法来研究。如果一类事物具有共同点，这个共同点就会被抽象成一个数学量。在处理随机事件的问题上，这个抽象出来的数学量，也就是随机事件的共同点，就是"随机变量"。

那么，到底什么是随机变量呢？简单来说，就是把随机事件所有可能的结果抽象成一个个随机变化的数字，每个数字都对应一个概率。这个随机变化的数字，就是随机变量。例如抛硬币试验中，我们可以把结果抽象为数字 1、2，即用 1 表示正面，用 2 表示反面，那么 1、2 就是随机变量，而它们对应的概率都是 $\frac{1}{2}$。

随机变量把现实世界和数学世界联通了起来。要寻找一个随机事件的规律，直接分析随机变量的变化情况就可以了。

比如，要研究我国居民银行存款的状况，银行存款余额就是事件的随机变量，每个人的存款余额都是一个随机变量值；要研究地震的强度，地震的级别就是事件的随机变量，每个震级都是一个随机变量值。

把随机变量的所有值和它们分别对应的概率全部统计出来后，我们就得到了另一个数学概念——概率分布。

还是以研究地震强度为例。如果我们把所有地震的震级都统计出来，数清每一震级地震发生的次数，那么根据频率法，我们就能知道不同震级的地震发生的概率了：发生1级地震的概率有多大，发生2级地震的概率有多大，一直到发生8级地震的概率多大，全都一清二楚。这样，我们就对地震这一事件有了整体的认识。

讲到这里，你大概已经了解了概率分布的作用，那就是从整体上把握事件的确定性。这也就为进一步探索其中的规律提供了可能。

用模型代表现实世界的规律

每一个随机事件都有自己的概率分布。随机事件不同，其概率分布自然也不同。但经过不断的研究，数学家们逐渐发现，不同事件的概率分布也是有规律可循的。

比如人的身高和智商这两个事件，表面看起来毫不相关，但它们的概率分布情况挺相似的，都是处于正常水平的人比较多，而特别高和特别低的人非常少。再比如地震强度，小震级的地震发生次数很多，但破坏性很小；大震级的地震发生次数很少，但破坏性很大，这种概率分布特征和个人财富的分布特征又比较一致。

更进一步，数学家们还发现，这些概率分布的变化规律甚至可以用数学模型来精确表示，也就是这一节重点关注的概率分布模型。常见的正态分布、幂律分布，以及后面会讲到的泊松分布，都是这些模型中的一种。每种概率分布模型都代表着一种独特的变化规律。

当然，就像印度《吠陀经》说的："真理只有一个，哲人用不同的语言表达。"概率分布模型的表示方式也很多，常见的有三种。

第一种是公式表示法，也就是用那些让人头大的数学公式来表示概率分布模型。如正态分布的公式为：

$$f(x) = \frac{1}{\sqrt{2\pi}\sigma} \exp\left[-\frac{(x-\mu)^2}{2\sigma^2}\right]。$$

第二种是列表表示法，也就是把随机变量可能的取值和对应的概率全部列出来，如表4-1所列的标准正态分布函数表。想知道某个值出现的概率，直接查表就好了。

表4-1　标准正态分布函数表

z	+0.00	+0.01	+0.02	+0.03	+0.04	+0.05	+0.06	+0.07	+0.08	+0.09
0.0	0.5000	0.5040	0.5080	0.5120	0.5160	0.5199	0.5239	0.5279	0.5319	0.5359
0.1	0.5398	0.5438	0.5478	0.5517	0.5557	0.5596	0.5636	0.5675	0.5714	0.5753
0.2	0.5793	0.5832	0.5871	0.5910	0.5948	0.5987	0.6026	0.6064	0.6103	0.6141
0.3	0.6179	0.6217	0.6255	0.6293	0.6331	0.6368	0.6406	0.6443	0.6480	0.6517
0.4	0.6554	0.6591	0.6628	0.6664	0.6700	0.6736	0.6772	0.6808	0.6844	0.6879
0.5	0.6915	0.6950	0.6985	0.7019	0.7054	0.7088	0.7123	0.7157	0.7190	0.7224
0.6	0.7257	0.7291	0.7324	0.7357	0.7389	0.7422	0.7454	0.7486	0.7517	0.7549
0.7	0.7580	0.7611	0.7642	0.7673	0.7704	0.7734	0.7764	0.7794	0.7823	0.7852
0.8	0.7881	0.7910	0.7939	0.7967	0.7995	0.8023	0.8051	0.8078	0.8106	0.8133
0.9	0.8159	0.8186	0.8212	0.8238	0.8264	0.8289	0.8315	0.8340	0.8365	0.8389
1.0	0.8413	0.8438	0.8461	0.8485	0.8508	0.8531	0.8554	0.8577	0.8599	0.8621
1.1	0.8643	0.8665	0.8686	0.8708	0.8729	0.8749	0.8770	0.8790	0.8810	0.8830
1.2	0.8849	0.8869	0.8888	0.8907	0.8925	0.8944	0.8962	0.8980	0.8997	0.9015
1.3	0.9032	0.9049	0.9066	0.9082	0.9099	0.9115	0.9131	0.9147	0.9162	0.9177
1.4	0.9192	0.9207	0.9222	0.9236	0.9251	0.9265	0.9279	0.9292	0.9306	0.9319
1.5	0.9332	0.9345	0.9357	0.9370	0.9382	0.9394	0.9406	0.9418	0.9429	0.9441
1.6	0.9452	0.9463	0.9474	0.9484	0.9495	0.9505	0.9515	0.9525	0.9535	0.9545
1.7	0.9554	0.9564	0.9573	0.9582	0.9591	0.9599	0.9608	0.9616	0.9625	0.9633
1.8	0.9641	0.9649	0.9656	0.9664	0.9671	0.9678	0.9686	0.9693	0.9699	0.9706
1.9	0.9713	0.9719	0.9726	0.9732	0.9738	0.9744	0.9750	0.9756	0.9761	0.9767
2.0	0.9772	0.9778	0.9783	0.9788	0.9793	0.9798	0.9803	0.9808	0.9812	0.9817
2.1	0.9821	0.9826	0.9830	0.9834	0.9838	0.9842	0.9846	0.9850	0.9854	0.9857
2.2	0.9861	0.9864	0.9868	0.9871	0.9875	0.9878	0.9881	0.9884	0.9887	0.9890
2.3	0.9893	0.9896	0.9898	0.9901	0.9904	0.9906	0.9909	0.9911	0.9913	0.9916
2.4	0.9918	0.9920	0.9922	0.9925	0.9927	0.9929	0.9931	0.9932	0.9934	0.9936
2.5	0.9938	0.9940	0.9941	0.9943	0.9945	0.9946	0.9948	0.9949	0.9951	0.9952
2.6	0.9953	0.9955	0.9956	0.9957	0.9959	0.9960	0.9961	0.9962	0.9963	0.9964
2.7	0.9965	0.9966	0.9967	0.9968	0.9969	0.9970	0.9971	0.9972	0.9973	0.9974
2.8	0.9974	0.9975	0.9976	0.9977	0.9977	0.9978	0.9979	0.9979	0.9980	0.9981
2.9	0.9981	0.9982	0.9982	0.9983	0.9984	0.9984	0.9985	0.9985	0.9986	0.9986
z	0	0.1	0.2	0.3	0.4	0.5	0.6	0.7	0.8	0.9
3.0	0.9987	0.9990	0.9993	0.9995	0.9997	0.9998	0.9998	0.9999	0.9999	1.0000

　　第三种是作图表示法。通常以随机变量为横坐标，以随机变量对应的概率为纵坐标，画出概率分布图。你可能见过正态分布曲线（图4-1）和幂律分布曲线（图4-2），其实就是这种表示方式。

概率分布曲线上的每一个点，对应的就是 x 轴上的每一个随机变量的值，对应到 y 轴上相应的概率值。通过分布曲线，我们就能知道一个随机变量的值所对应的概率了。

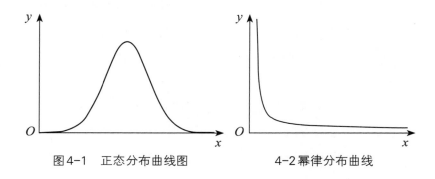

图4-1　正态分布曲线图　　　　4-2幂律分布曲线

三种表示方式各有优缺点。列表法很直观，但来回查表比较烦琐；作图法很形象，但在图中得出的数值往往不够精确；公式法很简洁，也很精确，但门槛比较高，很多人看不懂。

对于从事数学工作的人——比如我——来说，当然更喜欢公式。只有看到了唯一确定的数学公式，我们才会觉得找到了这件事的规律，才会觉得踏实。但对于从事工程、物理、统计等行业，偶尔要用到某一个概率分布数值的人来说，概率分布表的优势更大，因为它查询便捷、数值精确。而对于普通读者来说，我们学习概率论通识知识最主要的目的是扩展思维，因此不必执着于对公式的掌握和对数值的记忆，直观、形象的图像更有利于我们掌握模型的特点。因此三种表示方式并无高低之分。

随着研究的不断深入，现实世界里越来越多随机变量的变化规律都被数学家发现了。也就是说，概率分布模型越来越多了。有了这些模型，解决各种随机事件就简单多了：看看它适用哪个模型，直接带入模型分析就好了。

现实世界纷繁复杂，随机变量数不胜数。但在概率学家眼里，随机变量只有两类——一类是已经找到了变化规律，可以用概率分布模型描述的；一类是还没有找到变化规律，无法用模型描述的。

规律相似的同一类现象，会使用同一个概率分布模型，只是模型中的参数有所不同。比如前面提到的人的身高和智商，它们的分布规律就很相似，都服从正态分布，只是各自的均值和方差不同。同样地，地震和个人财富的分布大体上都服从幂律分布，只是对应的幂指数不同。

我们以正态分布和幂律分布为例，对照图像和实例，对不同概率分布模型代表的不同规律做一个初步了解。

对于正态分布和幂律分布的图（图4-1和图4-2），你一眼就能看出差异。正态分布中间的概率最大，就好像身高、体重的分布规律一样。在人群中，身材标准的人是最多的，特别高、特别矮，特别重、特别轻的人都很少见，也就是出现的概率很小。

幂律分布则不同，取值越小的变量对应的概率越大，取值越大的变量对应的概率则越小。居民收入就符合这一规律：中低收入的人群是最多的，2020年5月的一次记者会上，李克强总理就曾语重心长地强调中国有6亿人平均月收入仅1000元；收入特别高、资产特别多的人，则是凤毛麟角的。

　　至于正态分布和幂律分布究竟是什么意思，你先不用太纠结，后面会详细讲解。你只要记着，它们是不同的概率分布模型，代表着不同的概率分布规律，不能混用，就可以了。

　　当然，如果不是同一类现象，不遵循同一个规律，就不能套用同一种概率分布模型。非要拿着正态分布的公式去计算幂律分布，肯定是要闹笑话的。

用模型不断逼近世界的真相

　　找到了变化规律的事件，可以用概率分布模型来描述。那没有找到变化规律的事件怎么办呢？对这类事件，我们只能束手无策吗？

　　当然不是。

　　一般情况下，面对一个需要去研究的现象，专家会先假设它服从某个概率分布模型，然后再去验证这个假设。如果模型和实际符合得很好，就会选用这个模型；如果模型推测出的结论和实际情况有很大出入，专家就会考虑换一种模型。

　　比如，对股市的研究就是这样开展的。过去，经济学家发现，股票的波动情况和抛硬币一样，连续两天都涨或连续两天都跌的可能性差不多都是50%，挺服从正态分布的。于是，他们就用正态分布来模拟股市，并根据这个模型的数学特征，比如数学期望、方差、极端情况出现的可能性等，来构建整个金融体系的风险系统。

之后，人们拿模型的预测结果和现实中股市的涨跌情况做对比，发现变化挺一致的。所以人们就认为，股市的变化服从正态分布这个模型。

但是很快，这个结论就出问题了。金融危机爆发的时候，股票市场完全不遵循正态分布的规律。在正态分布模型中，几十亿年才会出现一次的极端情况，在现实中，一天内就会反复出现多次。这时候，人们终于明白了，用正态分布来评估股市的风险，可能压根儿就是错的。换句话说，我们可能从一开始就选错了模型。

请注意，是我们选错了模型，而不是说模型本身是错的。概率分布模型是逻辑的产物，百分之百是正确的；但是模型那么多，我们选择时可能会出错。打个比方，菜刀的设计没有错，但你用菜刀钉钉子，就难免会伤到手。错的不是菜刀，而是你选错了工具。

模型选错了怎么办呢？当然是重新选择适合的新模型。在研究过极端情况后，金融分析师发现，用正态分布模型描述金融资产的风险不合适，也许柯西分布模型更有效。

当然，你不用管柯西分布是什么意思，这里只是想告诉你，概率分布就好比一个工具箱，而一个个的概率分布模型就是工具箱里的工具。遇到问题时，我们可以从工具箱里找适合的工具解决。如果工具选错了，就得重新选择。

目前，有多少种工具供我们选择呢？常见的有几十种，而且这个数字会越来越大，因为数学家还在针对不同的现象、不同的变化特征，发现和发明新的模型。后面的章节中，我会详细讲解正态分布、泊松分布和幂律分布这三种应用最广泛、与实际生活联系最紧密的分布模型。在本章末尾的拓展阅读部分，我们也对其他几种常见的概率分布模型进行了介绍。

当然，你可能会好奇：如果试了所有的概率分布模型，还是无法准确描述某个随机变量，这时该怎么办呢？

老实说，这样的例子其实很多。比如金融和社会领域的一些现象，目前确实还找不到合适的概率分布模型。但我们也不必因此而沮丧、茫然，一方面，数学家们一直都在努力探索，我们坚信，任何事物都是有规律可循的，寻找更多概率分布模型的工作永远不会停止；另一方面，不断寻找、探索、试错，这个过程本身就是科学发展历程中最有趣、最激动人心的内容。

不断探索真理，向真理世界靠拢，这不就是科学探索的乐趣吗？

本节思考题

民国时期是一个百花齐放、人才辈出的黄金年代，很多人希望自己能穿越回民国。根据概率分布的内容，请你分析一下，假如我们穿越回民国，更有可能成为林语堂、张爱玲这样的天才作家，还是骆驼祥子这样的劳苦大众？

扫描二维码
查看解析

4.2 正态分布：为什么平均分能衡量学校的教学水平

概率分布模型有几十种，如果要挑一个最重要的来讲，那应该挑哪一个呢？无论你去问哪一个概率老师，得到的答案肯定只有一个——正态分布模型。原因很简单，正态分布模型是概率分布模型中最重要的模型。在数学家眼里，它的重要性是远远高于其他概率分布模型的。

这一节，我们就先了解一下正态分布的数学性质和应用；下一节，我们再来看看正态分布到底有多重要。

正态分布的发现

要讲正态分布，我们得从天文学史上的一桩公案说起。

1801年年初，一个神秘的天体出现在天文学家的视野中，6周之后又神秘消失。它是什么？又去了哪儿？没人知道。正在所有人都束手无策之时，数学王子高斯站了出来，他用一支笔计算出了这个天体的运行轨道，并预言了它在天空再次出现的时间和位置。果然，在高斯预测的时间和位置，它再次出现了。这就是人类发现的第一颗矮行星——谷神星。

你可能会好奇，高斯是怎么计算出这颗天体的运行轨道的呢？很简单，他在计算的过程中使用了正态分布。

　　利用正态分布，高斯竟然能精准计算出一颗遥远的天体的运行轨道。正态分布的作用不言而喻。从此以后，正态分布就席卷一切，不仅推动了数学、统计学、物理学、工程学等众多领域的发展，人们还由它还推导出了很多其他的分布，比如对数正态分布、T分布、F分布等。

　　"正态分布"这个词听上去挺复杂的，但它的英文表达就简单多了，叫normal distribution，直接翻译过来就是"正常的分布""一般的分布"。我国台湾地区的教科书中通常叫它"常态分布"。其他分布都是特殊的，只有正态分布是一般的、正常的。从名字上，我们也能感受到它的普适性与重要性。

　　作为数学史上数一数二的人物，高斯的伟大发现不胜枚举。甚至有人说，在高斯所在的时代，几乎所有伟大的数学成就都是高斯最先发现的。所以，高斯并不觉得发现正态分布是一件多么了不起的事情。在他的墓志铭上，刻的也是正十七边形[①]，而没有提正态分布的事。

　　但后人不这么认为。德国为了纪念高斯，在10马克的纸币上印上了高斯的头像，而在他的头像旁边，就是正态分布的曲线及公式（图4-3）。

───────────

① 用圆规和直尺做出正十七边形是一道两千多年悬而未决的数学难题，高斯在19岁时用一晚上的时间解决了这一问题，在数学界引起轰动，这一工作是高斯引以为傲的。

图4-3　10马克纸币上的高斯头像及正态分布曲线

正态分布的三个数学特性

　　正态分布非常重要，但又特别简单。我们在上一节已经展示了正态分布曲线——一条对称的倒钟形曲线，中间很高，两边下降，像个鼓起的小山包。那这条曲线究竟是什么意思呢？

　　我们知道，在所有概率分布图像中，横坐标代表随机变量的取值范围，越往右，随机变量的值越大；纵坐标则代表概率的大小，最底下的概率是0，越往上概率越大。这样，从曲线上随便找一点，确定它的横坐标、纵坐标，我们就知道了这个值出现的概率是多少。

　　具体到正态分布曲线，因为这条曲线是左右对称的，中间的最高点就代表平均值出现的概率最大，数据最多。两边陡峭下降，就意味着越靠近平均值，数据越多；越远离平均值，数据越少。

　　当然，我们不能停留在这种粗糙的描述上，要理解正态分布，必须了解它的三个数学性质。

性质一：均值就是数学期望。

正态分布曲线中最高点的横坐标，不仅代表随机变量的平均值，还等于随机变量的数学期望。这一结论是经过数学证明的，你不用太纠结。在概率论中，正态分布的均值和数学期望是一个意思，是一件事的两种表达。

这就很有意思了。前面讲过，数学期望代表长期价值，而现在平均值就是数学期望。也就是说，在正态分布中，平均值就代表随机事件的价值。

为什么我们会用高考的平均成绩来衡量一所高中的教学质量？为什么我们会用平均收益率来衡量一家基金公司的好坏？原因很简单，高考成绩和基金公司的收益都是服从正态分布的，而在正态分布中，平均值就代表这个随机事件的价值。

但我要提醒一下，只有在正态分布里，平均值才具有这样的意义。如果不是正态分布，均值可能就没什么意义了。比如地震，你肯定没听说过平均强度和平均损失这样的说法吧！

性质二：极端值很少。

在正态分布曲线中，越靠近平均值，这条曲线越高，这个事件出现的概率越大；越远离平均值，这条曲线就越低，出现的概率就越小。这就说明，正态分布的大多数数据都集中在平均值附近，极端值很少。

"极端值很少"这句话有两层含义：一是极端值出现的概率很小，二是极端值对均值的影响很小。因此，正态分布是非常稳定的。拿人的身高来说吧，它大体服从正态分布，所以即使姚明成为这本书的读者，读者的平均身高也不会有太大的变化。反之，如果随机事件不服从正态分布，均值往往就很不稳定。

性质三：标准差决定"胖瘦"。

如果留心一下，你会发现，同样是正态分布曲线，有的要"矮胖"一些，有的要"高瘦"一点，这又代表了什么呢？

其实曲线的"高矮胖瘦"就代表了随机事件的标准差。前面讲过，标准差就是方差的平方根，也能用来描述随机变量的波动情况。在正态分布中，标准差越大，数据的波动越剧烈，钟形曲线越矮胖；标准差越小，数据越集中，钟形曲线越高瘦。

在正态分布中，只要有均值与标准差这两个数据，就能确定曲线的形状：均值等于数学期望，决定这条曲线的最高点；标准差决定胖瘦，决定曲线的弯曲度。这也是前面说正态分布非常简单的原因。

正态分布的现实应用

日常生活中，正态分布的应用随处可见。

当你打开电脑时，某产品会告诉你，"你的开机时间为23秒，打败了全国97%的用户"。对于"23秒"这个数值你可能没概念，但"打败了全国97%的用户"一下子就让会你明白开机速度是快还是慢。不过你有没有想过，97%这个数值是怎么来的？是把全国每台电脑的开机时间都收集起来，再做个排序吗？这未免太复杂了吧？

其实不是这样的。这款产品只是构建了一个正态分布的模型而已。

我们知道，大部分电脑的开机速度都差不多，只有小部分快一点或慢一点，可以认为电脑的开机速度服从正态分布。前面才说了，只要有均值和标准差两个数据，就能完全确定正态分布曲线的形状。所以，只要随机抽取一部分用户的开机数据，算出均值和标准差，就可以确定一条正态分布曲线。

有了均值，我们可以判断随机事件的价值。有了标准差，我们又能知道什么信息呢？标准差的意义在于，它和数据量是一一对应的：在正态分布中，一个标准差覆盖68.26%的数据，两个标准差覆盖95.44%的数据，三个标准差覆盖99.72%的数据（如图4-4）。而这意味着，任意给出一个数值，计算该数值与平均值之间差了多少个标准差，就能知道该数值在全部数据中处于什么位置。

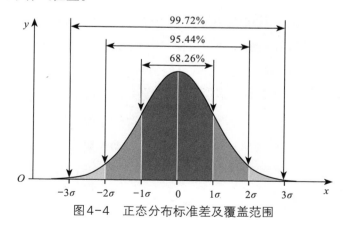

图4-4　正态分布标准差及覆盖范围

知道了这一关系，当你的电脑开机时，该产品只需要比较你的开机时间和均值的差距，知道你距离均值多少个标准差，就能知道你的开机时间处于全部数据量的什么位置，也就是排名了。

正态分布为我们提供了一个估算个体在整体中位置的便捷方法。像智商、身高、考试成绩等，只要服从正态分布，我们就都能用这样的方法快速得到答案。

一个正态分布曲线可以拿来分析，那多个正态分布曲线能拿来比较吗？也能。

第一，只有均值不同，能比较好坏。

比如两条生产线制造的产品，其正态分布的均值不同，但标准差一致，怎么比较呢？当然是均值越大越好。均值越大，代表平均合格率越高，品控做得也就越好。

第二，只有标准差不同，能比较波动。

均值相同、标准差不同的正态分布，最典型的就是男女智商。两条曲线在均值上相似，但是男性的智商曲线要矮胖一些，女性的则高瘦一点。这说明什么呢？

前面说过，标准差代表波动程度，代表极端数据出现的概率。所以这就是说，从整体上看，男女智商没有高低之分，男性并不比女性更聪明；但男性的智商波动性更大——在智商超群的人中，男性的数量要多于女性；当然，在智商堪忧的人中，男性也同样更多。

第三，标准差和均值都不同，能比较专业和业余。

比如个人的射击成绩，都是在平均成绩上下波动，基本服从正态分布。但如果我和射击世界冠军许海峰比赛，结果你也能想象——我的成绩肯定变化极大，有时候碰巧射中 10 环，有时候脱靶，大多数时候可能都是 3、4 环；而许海峰肯定特别稳定，基本都是 10 环。在均值上，他更高，成绩更好；标准差上，他更小，成绩更稳定。这就说明，许海峰比我专业得多。

很多人总是用"刻意练习""精准"等来评价专业和业余，但在数学家看来，这些词都太模糊了。真正精确的标准只有两个——均值和标准差。专业就是均值更高，标准差更小，业余则恰恰相反。

本 节 思 考 题

国家公布居民收入数据时，总会有人说自己的收入被平均了，有人甚至怀疑数据有问题。你能用这一节的知识分析一下吗？

扫描二维码
查看解析

4.3 中心极限定理：高斯是如何算出谷神星位置的

在上一节，我一直谨慎地说正态分布是重要的分布，但在这一节，我一定要说，正态分布是概率分布中的神。可能你会好奇，概率分布模型那么多，为什么说正态分布是神呢？

说一个事物是神，那它至少得有三个特性：第一，合法性，有东西证明它合法；第二，正统性，作为参照系，能对所有事物施加影响；第三，主宰性，代表这个世界的底色和归宿。而这三个特性，正态分布全部具备。

合法性：中心极限定理提供保证

要说一个事物合法，就得有支撑材料给它提供证明。

在一个国家范围中，做一件事是不是合法，可能有宪法和其他相关法律提供证明；对于一个人的身份来说，可能有各种证件给你证明；而在数学领域，合法性来自严格的数学证明。只有被证明了，数学家才会承认这个事物是合法的。

正态分布有严格的数学证明吗？有，就是本节标题里说的"中心极限定理"。

中心极限定理的表达方式有好几种，但核心的数学性质只有一条——大量独立的随机变量相加，无论各个随机变量的分布是怎样的，它们相加的结果必定会趋向于正态分布。换句话说，正态分布是必然产生的。而这个证明源于严格的数学推导，是一定正确的。所以我们可以说，正态分布的合法性，是牢不可破的。

中心极限定理是怎么得来的呢？是谁天才地证明了它呢？这还得回到上一节讲的高斯用正态分布确定谷神星轨道的故事。

计算谷神星轨道的直接困难是观测数据太少了。6 周的时间看起来不短，但只占谷神星公转周期的 2%，人们根本没法靠这 2% 的数据确定其轨道。

数据少还是次要的，更重要的问题是，我们在观测的时候会有各种各样的误差，仪器有误差，肉眼有误差，数据记录也有误差……如果不能找到误差的规律，这些误差叠加到一起，就可能会让预测结果的偏差非常大。所以，这件事的关键就变成了寻找各种各样的误差中存在的规律。

虽然科学家们知道，误差都有正常范围，同一种误差，特别大和特别小的误差出现的概率都很低。但不同类型的误差叠加起来会是什么样子，科学家一直不清楚。大数学家皮埃尔－西蒙·拉普拉斯（Pierre-Simon Laplace）也是卡在了这个问题上。

高斯是怎么解决的呢？

首先，他做了个大胆的假设——误差分布的最大可能性等于这些误差的平均值。然后，再想办法找一个满足这个假设的函数。结果，意想不到的事情发生了，恰好满足这个假设的函数只有一个，就是我们现在看到的正态分布公式。高斯就是基于这个公式，算出了谷神星的位置。

坦白讲，高斯的这个推导过程在逻辑上是有些问题的。首先，他假设误差的最大可能性恰好等于其平均值，并借此推导出了正态分布公式；接下来，他又用正态分布公式计算出，误差的最大可能性恰好等于平均值，然后才有后面的计算。这多少有点循环论证的意思。所以很多科学家说，高斯是猜到了上帝的意图。注意，是"猜到了"。

而本节的主角拉普拉斯，看到高斯的正态分布公式后豁然开朗，最终用严谨的数学逻辑推导出了中心极限定理。该定理的意义在于，它不仅证明了正态分布产生的方式，还揭示了正态分布普遍存在的原因。换句话说，**中心极限定理是因，正态分布是果**。因为中心极限定理存在，所以正态分布才必然正确。

打个比方，高斯提出的正态分布公式像喜马拉雅山，而拉普拉斯推导的中心极限定理就像青藏高原。没有青藏高原这个坚实的基础，喜马拉雅山可能只是一条普通的山脉；有了青藏高原，它才一跃成为全球最高耸的山脉。因为中心极限定理如此重要，所以它和大数定律一起被称为概率论的两大"黄金定理"。

合法性，是神之为神的基础。中心极限定理为正态分布提供了严格的合法性保证。由于这个保证来自严格的数学证明，因此正态分布的合法性是牢不可破的。

正统性：正态分布是所有分布的参照系

所谓正统性，是指正态分布建立了一套稳定的秩序，就像参照系一样，可以对所有的事物施加影响。

在统计学中，当我们不知道某个随机事件服从什么概率分布模型时，最常见的方法就是假设它服从正态分布，然后再用数据验证。

为什么要假设它服从正态分布呢？一方面，是因为正态分布非常常见，假设一个随机事件服从正态分布，比假设服从其他分布的成功率更高。另一方面，是因为正态分布能够给我们指明分析的方向。比如我们验证后发现，某个随机事件不服从正态分布，那它也一定不满足正态分布背后的中心极限定理。而不满足中心极限定理，要么是随机事件的影响因素不够多，要么是各种影响因素不相互独立，要么是某种影响因素的影响力太大，等等，这时，接下来的研究也就有了明确的方向。

正态分布就像一个参照系：服从正态分布的随机事件，可以直接用正态分布分析；不服从正态分布的随机事件，也要利用正态分布与之比较，从而沿着它为人类指明的方向继续探索。这种正统性是不是很有神的气质？

主宰性：正态分布是世界的宿命

当然，要成为神，只有合法性和正统性是不够的，还得具备第三个性质——主宰性。也就是说，得有能力主宰世界。而在数学家们看来，正态分布确实是世界的主宰。

为什么这么说呢？可以从三个层次来看。

第一，正态分布普遍存在。

中心极限定理告诉我们，只要随机事件受很多独立因素共同作用，无论每个因素本身是什么分布，这个随机事件最终都会形成正态分布。所以说，正态分布具有普遍意义。

世界上为什么会有这么多正态分布？就是因为很多事情都是多个随机因素共同作用的结果。比如，影响人身高的因素有很多，包括营养、遗传、环境、族裔、性别等，这些因素的综合效果使人的身高服从正态分布。影响考试成绩的因素也有很多，包括自身的能力、家庭教育、智商、专注力，甚至是考前的情绪、身体状况等，但当这些因素叠加在一起，考试成绩就服从正态分布了。

第二，所有概率分布最终都会变成正态分布。

无论是对数分布、幂律分布，还是指数分布，又或者是其他任何分布，只要自身不断演化，不断叠加自己，最终都会变成正态分布。或许我们可以这么说：**所有的概率分布，不是正态分布，就是在变成正态分布的路上。**

当然，现实世界里，影响一个随机事件的各种因素，不可能完全达到理想的相互独立状态，它们会相互交缠、相互影响。所以，一切都在演化为正态分布的路上，而我们身边依然存在着各种各样的分布。

正态分布很普遍，所有的分布都会变成正态分布，你可能以为这两点已经足够表明正态分布的主宰性了吧？不，我们还有一个更重要的理由——

第三，正态分布是世界的宿命。

在证明中心极限定理之后，信息论领域发现了"熵最大原理"。信息论中的熵是对信息不确定性的度量，熵最大原理则是指，一个孤立系统总是朝着不确定性最大的方向发展。也就是说，在一个孤立系统中，熵总是在不断增大。而巧合的是，在均值和方差确定的条件下，信息熵最大的分布方式就是正态分布。如果熵不断增长是孤立系统确定的演化方向，那熵的最大化，即正态分布，就是孤立系统演化的必然结果。

也许，正态分布就是被上帝选择出来的，就像光选择沿最短的路径传播、引力场物体选择沿测地线运动一样，没有什么道理可言。按照正态分布的钟形曲线分布和演化，就是每个随机事件的必然宿命，好像冥冥之中自有定数。

这正是正态分布的奇妙之处。很多看似随机的事件，竟然都服从一个如此简单的分布；而任何复杂的分布，最终也都会变成正态分布。这一切就像是上帝的刻意安排。在纷繁复杂的世界背后，隐藏着稳定的秩序和早已注定的未来。

本节思考题

日常生活中，你还发现哪些事件是服从正态分布的？它们又受哪些随机因素影响呢？

扫描二维码
查看解析

4.4 幂律分布：二八法则能用于预测未来吗

正态分布是信息熵最大的一种分布，是所有孤立系统演化的终点，是这个世界的宿命。这看上去似乎很美好，但"细思极恐"：什么叫熵增？就是从有序趋向无序。熵增的终点，是完全死寂、混沌一片的状态。如果这是世界的终点，你会不会感到很绝望？

不过话说回来了，如果这个世界完全被正态分布主宰，就没有人类历史上的伟大故事，也没有你和我在这里学习概率论通识知识了。所以，在正态分布的统治之下，一定还有"捣蛋鬼"存在，给这个世界增加了一些活力。

这一节，我们就来讲一个非常厉害的"捣蛋鬼"——幂律分布。虽然它本身像一个魔鬼，却实实在在地给我们带来了希望。

无标度：幂律分布的数学特征

你可能不太了解幂律分布，但你肯定听过一个词——二八法则。比如，全社会80%的财富集中在20%的人手里，一个行业80%的市场被20%的头部公司占据，一家公司80%的生意来自20%的重点客户，等等。二八法则，其实就是幂律分布最直观的表现。

本章第一节展示过幂律分布的曲线图，是一条向下的曲线，拖着一个长长的尾巴。幂律分布的含义也非常明确——在随机变量中，越小的数值，出现的概率越大；越大的数值，出现的概率越小。

虽然幂律分布无处不在，但它的数学特征只有一个，就是无标度，也叫"无尺度""尺度无关"。不管怎么叫，意思是一致的：**在任何观测尺度下，幂律分布都呈现同样的分布特征**。

一般的分布都会有个尺度范围，在这个范围内服从这个分布，超过这个尺度，可能就不服从这个分布了。但幂律分布没有尺度的限制，不管截取哪个部分的数据，都会呈现出幂律分布的特征。比如，图书销量是服从幂律分布的，最畅销那本书的销量在前10名图书总销量中占的比例，前10名图书销量在前100名总销量中占的比例，前100名图书销量在前1000名图书总销量中占的比例，大体都是相同的。

这就是幂律分布唯一的数学特征——无标度。

幂律分布是个无法预测的魔鬼

看到这里你可能会好奇，幂律分布在生活中似乎挺常见的，为什么要说它是魔鬼呢？别急，下面就来看一下幂律分布魔鬼的一面。

第一，幂律分布让平均值失去了意义。

前面说过，正态分布是一种均匀对称分布，大多数数据都集中在平均值附近，所以平均值非常有用，因为它代表大多数。而幂律分布呢？它的数据变化幅度非常大，平均值毫无意义。拿个人收入来说，有一贫如洗的穷人，也有富可敌国的富豪，把这两群人的资产平均起来完全没有意义。

美国前总统小布什就曾在竞选演说中玩过这个把戏。他说，2003年，政府的减税计划让每个美国家庭平均少纳税1586美元。从数字上看，这句话没有问题，但它有很强的误导性。因为财富服从幂律分布，是高度不对称的。大部分普通家庭收入不高，减税的额度很有限；但小部分收入极高的家庭，可能会获得几万甚至几十万的减税额度，一下就把平均数拉高了。事实上，当年减税额的中位数是650美元。也就是说，有一半的家庭减税额连650美元都没达到，更别提1500多美元了。

幂律分布中随机变量的波动范围非常大，因此常用的平均值、标准差等工具都没用了。如果说正态分布是概率分布的神，构建了一个稳定的秩序，那幂律分布就是一个喜怒无常的魔鬼，让已有的秩序和工具全部失效，使一切变得难以捉摸。

第二，幂律分布让原本不会发生的极端事件发生。

在数学上，那些出现概率很低的极端数据叫长尾（图4-5），也叫肥尾、厚尾。简单来说，这些极端数据出现的概率虽然很低，但这个值永远不会趋近于0，永远不会小到可以忽略不计。

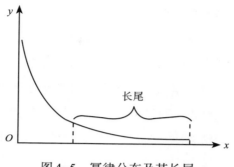

图 4-5　幂律分布及其长尾

这一点和正态分布不同。在正态分布里，数据非常集中，非常极端的数据几乎不可能出现，可以直接忽略不计。而在幂律分布里，再极端的数据都有出现的可能性。

我可以用生命打赌，你在街上不可能看到身高超过 5 米的巨人。但一个城市的常住人口超过 3000 万，一本好书在畅销榜上盘踞 30 年，一个人的资产超过 3000 亿美元，这些事情虽然发生的可能性很小，但仍然随时可能发生。

极端数据往往意味着极端事件。而极端事件，比如超大型海啸、超强大地震、席卷全球的金融风暴等，都会给人带来非常大的损失。这些极端事件虽然发生的概率极低，但我们知道它们一定会发生。

正态分布构建的世界非常稳定，只需要考虑常规、考虑大多数就可以。但是，幂律分布仿佛拥有一种神奇的魔力，让不可能发生的事情变得可能。它全然不顾人们的预测，也不理会常规，而是悄悄躲在阴暗的角落，不经意间给人类致命一击。

第三，幂律分布完全不可预测。

看完前两点，你可能会说，幂律分布是有些可怕，所以我们应该对它展开研究，最终攻克它。

没错，科学家们确实一直致力于对幂律分布的研究。但告诉你一个悲伤的结论，到目前为止，幂律分布还完全无法预测。即便是在简单的模型里，我们也完全无法做出任何有效的预测。

比如著名的"沙堆模型"——在平台上不断添加沙粒，慢慢形成一个沙堆。随着沙堆高度的增加，新添加的沙粒会带动沙堆表面其他沙粒滚落，产生所谓的"沙崩"。统计沙崩的规模和发生的频率，科学家发现它服从幂律分布。

这是一个极其简单的模型实验。涉及的所有物理知识我们都了解，每一粒沙粒的位置都可以用计算机跟踪，但我们仍然找不到沙堆崩塌的原因。我们既不知道在什么条件下再放一粒沙粒就会导致沙崩，也无法预测这粒沙粒导致的沙崩规模会有多大。所以到目前为止，我们对于幂律分布的预测——比如说各种自然灾害何时发生——基本还是束手无策。

你可能会说，不是还有"二八法则"吗？我们抓重点，抓住重要的20%不就好了吗？可能很多人都会这么告诉你，但我想说，这是一种存量思维，可以总结过去，却对未来没有任何用。虽然我们知道80%的生意来自20%的客户，但永远不知道下一个客户是属于重要的20%，还是不重要的80%。

我们知道重大灾难影响很大，而且一定会来，却不知道下一场大地震、森林大火、金融危机会在什么时候发生，以及会带来多大的损失。我们知道公司市值、电影票房、社会财富的分布极不均匀，却找不到规避风险的方法。这真是让人绝望。

虽然幂律分布是中性的，没有好坏之分，但是站在人类的角度来说，在一次次的自然灾害面前，我们还是会不由自主地产生一种念头——幂律分布就是个彻彻底底的魔鬼。

可怕的魔鬼带来新希望

虽然幂律分布无法预测，但我们能不能像找到正态分布的原因——中心极限定律一样，找到幂律分布产生的原因呢？找到了产生的原因，不就能避开地震、森林大火、海啸等自然灾害了吗？

道理是这样，但现实可能又要让你失望了。幂律分布产生的原因，目前没有统一的答案。众说纷纭，谁也说服不了谁。

其中一个比较主流的观点，也是我最喜欢的，是1982年诺贝尔物理学奖得主肯尼斯·威尔逊（Kenneth Wilson）提出的。这个观点给人类对抗熵增、对抗世界的宿命，提供了新的希望。

威尔逊的研究突破源于水变成冰这个常见的生活现象。他发现，在水变成冰的过程中，存在一个神奇的临界温度。在临界温度之前，水分子里原子的自旋都是随机指向不同的方向；可一旦到了临界温度，它们就会非常有序地指向同一个方向。

这是个神奇的事情，为什么在那一瞬间突然就从混乱变成了有序呢？

威尔逊收集了很多临界态一瞬间的关键数据，结果发现，每个指标都在临界态附近涌现出了幂律分布。换句话说，在水变成冰，也就是从无序到有序的临界状态上，所有指标都呈现出幂律分布的状态。而我们知道，无序是熵值最大，有序是熵值最小，所以这也就说明，在从无序到有序这个熵减的过程中，幂律分布必然发生。

为什么说这个结论给人带来了希望呢？你想，如果说熵减是幂律分布产生的原因，那幂律分布就是我们对抗熵增的必经状态。只要一个生命还存在，一个系统还在演化，它就必然在做熵减的工作，所以出现幂律分布也就不足为奇了。这也正好解释了正态分布和幂律分布在生活里都很常见，数量秒杀其他分布。

所以，虽然幂律分布像魔鬼一样狡诈、难以预料，但它可能是我们对抗熵增的必然选择，是每个系统从无序到有序，从混沌到清晰，从未知世界到规律世界的必经之路。幂律分布存在的地方，看似凶险，却恰恰是对抗熵增、对抗死寂、对抗死亡的角斗场，是我们的希望之光。

本节思考题

你觉得这本书最终的销量会是多少？（　　）

A. 这可是数学书唉，谁会买呢？估计销量不会太高

B. 不清楚，但估计会在数学类图书销量的均值附近吧

C. 图书销量服从幂律分布，所以无法预测

扫描二维码
查看解析

4.5 泊松分布：连续两年出现五十年一遇的大暴雨，正常吗

讲泊松分布，就要从一个舆论痛点说起。

一到夏天，很多城市都会遇到这样的问题：每当天气预报说明天城区有大暴雨时，居民就会非常紧张。因为一遇到大暴雨，城区必定大堵车，因为积水排不出去。为什么排不出去？因为排水系统不给力。

于是，市民纷纷问市政部门，这是怎么回事呢？市政部门解释说，我们是按照"五十年一遇"的降水标准建的排水系统。这是非常高的标准。只是暴雨太大了，超过了这个水平。不过不用担心，这样的情况是很少见的。

于是大家就不干了，五十年一遇？骗人呢！城区都连着淹了两年了。所以不是你们虚假宣传，就是排水工程是豆腐渣。

现在问题来了，市政部门的解释成立吗？如果你是数学家，该怎么解答这个问题？

泊松分布的公式及意义

首先，我们来定位一下这个问题。

将"五十年一遇"转化为数学语言是指，从长期来看，这

样的大暴雨是平均50年发生一次的。注意，这里的时空范围是"长期"。长期是多长？很长很长。我这不是玩文字游戏，而是提醒你注意——对"长期"理解不到位，是概率问题经常出现反直觉结果的关键。

平均50年发生一次，会不会是每隔50年发生一次？有可能，但不一定。我们再设定一种情况，前4年每年都发生一次，之后的196年一次都没有，200除以4，还是50年一次，与"五十年一遇"并不冲突。

所以，真正的问题来了：当我们知道了"五十年一遇"这个长期的整体概率，但我们想要知道的是，任何一段具体的、有限的时间内，比如5年之内，发生1次这样的大暴雨的概率是多少？发生2次大暴雨的概率是多少？任何你想知道的大暴雨的次数，它们的概率分别是多少？这时候该怎么办呢？

我们把问题再抽象一下，这一类问题其实是这样的：当我们知道了一个随机事件发生的整体概率，也知道这个随机事件发生的概率符合正态分布，那么在某一段时间或者空间间隔内，这个随机事件发生的次数的概率分布是什么样的呢？这里不是求解整体发生率，而是求发生次数的概率。

概率学家已经找到了工具来应对这种问题，这个工具就是泊松分布。这个分布是大数学家泊松发现的，所以就以他的名字命名了。

我们先来看看泊松分布的公式——

$$P(X=k) = \frac{\lambda^k}{k!} e^{-\lambda},$$

其中，e 为已知数学常量，k 为事件发生次数，λ 为单位时间内事件的平均发生次数。

不熟悉数学语言的同学见到这个公式，可能会本能地心生厌恶，至少是拒绝的。其实，如果做一个最美数学公式排行榜，泊松分布公式肯定能进前十名。当然，理解数学公式的美，和理解现代艺术的美一样，都需要一点背景知识。

泊松分布公式用语言表达就是：随机事件发生 k 次的概率，等于 λ 的 k 次方除以 k 的阶乘，再乘以自然底数 e 的 $-\lambda$ 次方。

是不是已经晕了？不要着急，我们要做的重点是要理解这个公式背后的思想。这里只有 3 个字母——

自然底数 e：数学常量，是已知的；

k：随机事件发生的次数。在大暴雨的案例中，发生 1 次大暴雨、2 次大暴雨、3 次大暴雨等分别对应 $k=1$，$k=2$，$k=3$。

λ：整体概率与要求解问题匹配之后对应的数值，这个数值是跟问题联动变化的。

在大暴雨的案例中，整体概率是 50 年 1 次，也就是 $\frac{1}{50}$。如果我们想知道接下来 50 年这个时间段里下暴雨次数的概率分布，那 λ 就是 1。如果想知道接下来 100 年的情况，那 λ 就是 $\frac{1}{50}$ 乘以 100，也就变成了 2。要是想知道接下来 5 年呢？$\frac{1}{50}$ 乘以 5，这个数值就是 0.1。

就按接下来 50 年来计算吧，这时候 λ 取值为 1。

$k=0$，就是接下来的 50 年里，1 次大暴雨都不发生的概率是多少？代入公式一算，答案是37%。

$k=1$，就是接下来的50年里，发生1次大暴雨的概率是多少？代入公式一算，答案也是37%。

$k=2$，就是接下来的50年里，发生2次大暴雨的概率。代入公式一算，答案是18%。

其实，我们更关心的是，接下来50年发生2次和2次以上"五十年一遇"大暴雨的概率是多少。就是用1减去发生0次的概率和发生1次的概率，即1-37%-37%＝26%。

也就是说，在"五十年一遇"的整体概率下，在接下来的50年里，发生2次或2次以上大暴雨的概率是26%。所以在比较短的时间内发生2次这种大暴雨，可能并不是什么小概率事件，仅仅用2次大暴雨就否认市政部门的解释是不合适的。

泊松分布的数学性质

通过大暴雨这个案例，我们可以了解泊松分布的两个重要数学性质。

数学性质一：泊松分布是正态分布的一种微观视角，是正态分布的另一种面具。

在大暴雨的案例中，如果我们不断地计算各种时间间隔和大暴雨不同发生次数的概率，并把这些概率分布曲线画在一起，就会看到泊松分布的曲线越来越像正态分布曲线。图4-6清晰地展现了泊松分布是如何通过参数变化，一步一步演化为正态分布的。

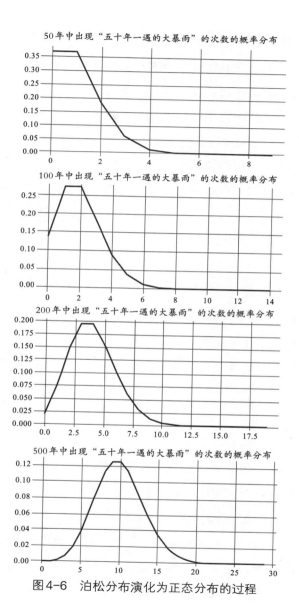

图4-6　泊松分布演化为正态分布的过程

数学性质二：泊松分布的间隔是无记忆性的。

注意，不是说泊松分布是无记忆的，而是说泊松分布的间隔无记忆。所谓无记忆性，就是之前的情况对之后的情况没有影响。所以，间隔无记忆性就是指，前一间隔中随机事件是否发生，对后一间隔中随机事件是否发生没有影响。

在城市大暴雨的案例中，如果去年发生了一次大暴雨，那今年发生大暴雨的概率会变成多少呢？按我们的直觉，大暴雨是平均50年发生一次，去年刚刚发生了一次，那接下来一年就不会再发生了，概率是0。

但是，这种看法是不对的。这又是反直觉的一个例子。去年发生了大暴雨与今年发生大暴雨相互没有影响，用概率论的术语来说就是"相互独立"。

解释泊松分布还有一个很著名的概率问题，叫等待时间悖论。比如，库里投三分球的命中率是40%，无论前面他刚刚投中1个球，还是刚刚连续投丢了10个球，他在下一次投篮时，命中率还是40%。我们平常经常有这种感受，比如等公交车，虽然公交车间隔平均是10分钟左右，但是由于随机的变化，你往往会等超过10分钟。这就和投篮一样，间隔是无记忆的。只要你站在站台上，无论是前面已经有人等了很久，还是有辆车刚刚走，你需要等待的时间期望都还是10分钟。

这就是泊松分布的间隔无记忆性。仔细想想，你可能会明白，两辆公交车之间，两次投篮命中之间，可能存在短间隔，可能存在长间隔，你可能处在长间隔之中，也可能处在短间隔之中。不管什么时候你到车站，不管什么时候你投下一个篮，只要后面都服从泊松分布，整体服从正态分布，间隔期望值就都是一样的。

像连年大暴雨这种小概率事件扎堆出现的现象，看起来很反直觉，但现在我们知道，由于泊松分布的间隔是无记忆性的，所以一定存在一些短间隔和长间隔，而且它们很难一长一短、一长一短这样有规律地出现，而是会混杂着出现，否则就不叫随机了。

夜晚抬头看向星空，你会发现星星簇拥成一群一群的。当然，引力使得星星并非完全独立的，但这种相互间的影响，不足以影响在地球的视角下观测到的它们位置的随机性。你能明显看到星星是一群一群存在的，这就近似于一个泊松分布。如果天上的星星突然整齐地排列在一起，那才是令人惊讶的事情呢。要知道，真正的随机一定会存在扎堆出现的状况的，因为它们的背后是泊松分布在施加影响。

图4-7是两幅计算机模拟的星图，我想你肯定也认为左图更像真实夜空的一角。随机性并不导致规律性，事实恰恰相反。所以古人才能在星空中找到图案，用多种多样的动物和物品来为它们命名。

有了这样的基本的概率思维框架，对很多事情的发生，你就不会感到那么纠结和奇怪了。如果恰好连续遇到短间隔，我们就会感觉这事扎堆出现。这其实一点也不稀奇。

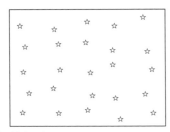

图4-7　计算机模拟的星图

打开统计推断的大门

理解了泊松分布的数学性质，我们就可以开启另一个重要的话题了——泊松分布开启了统计推断的大门。

统计推断是什么意思？我们回看一下对大暴雨问题的解决思路。我们要解决的问题是，连续2年发生大暴雨是不是正常的。正常是指，这不是一个小概率事件。如果是正常的，那就不能说城市排水系统的建设有问题。解决这个问题的困难在哪儿呢？数据太少。我们没有1000年的降雨数据，即使有1000年的数据，在长期、无限面前也很微不足道，数据还是太少。所以要解决这个问题，就得换一个思路。

再举一个例子，物理学家要研究放射性物质的半衰期。可是，绝大多数物质的衰变期极长，长到我们没法直接测量。比如铋209原子的半衰期长达1.9×10^{19}年，如果你想观察一个铋原子的衰变，可能等到宇宙毁灭都很难看到。在一个完整的衰变周期都观测不到的情况下，我们能获得的数据就太少了。怎么办呢？

可以假设衰变是服从正态分布的吗？当然可以。但是，连一个完整的衰变周期都看不全，怎么去验证这个假设呢？我们用泊松分布解决。

找一堆铋 209 原子，统计一下在几个确定的时间间隔中，这堆原子有多少个发生了衰变。只要这个数字服从泊松分布，就能证明铋 209 原子的衰变服从正态分布，就可以用正态分布直接计算。也就是说，我们可以利用一部分样本来推断总体，这就是统计推断的含义。

利用同样的原理，科学家们成功完成了 DNA 的突变次数、外太空某个区域内恒星的数量等一系列科学问题的计算，推动了物理学、生物学和天文学等科学领域的发展。

由此扩展开来，类似于网页点击量这类频繁发生的问题，也可以用泊松分布来处理。对于这点，你可能会觉得很奇怪，因为很多网站并发数很高，也就是很多人会同时来，泊松分布怎么会适用呢？但其实换个思路，这取决于你选择的时间切片。你总是能够找到一个时间标尺，在那段时间，点击是依次发生的，且点击无法预测，这个标尺也许是毫秒或者微秒。因为点击量是由世界各个地方的网民贡献的，什么时候会被点击非常不确定，因此泊松分布依然适用。

很多网站预测流量的工具都是基于泊松分布。我们仍然可以通过泊松分布判断点击量在宏观尺度下是否服从正态分布。

以新浪微博为例，从宏观尺度上看，点击量绝大部分时候是服从正态分布的，但具体到一个微博，具体到某个时间段，点击量就不服从泊松分布了。比如，明星官宣时，常常会搞垮新浪微博的后台服务器，一个随机事件的涟漪一般的影响，决定了那个时刻的流量变化。只要不服从正态分布了，我们就可以找到突破口，去研究是什么随机因素打破了正态分布。这间接引发了社会化网络、经济学领域对幂律分布的研究，如随机变量的相互作用，以及特殊因素的影响。

在解决这些问题时，统计数据和概率论中的概率分布就被连在一起了。

概率和统计其实是两个不同的学科，它们看似相近，其实研究的问题刚好相反。

概率研究问题的思路是，对世界已经有了一个全景式的了解，来判断未来会发生什么。用数学的语言来说，就是已知一个模型和参数，怎么去预测这个模型产生的结果的特性（例如均值、方差、协方差等）。举个例子，我想研究怎么科学减肥，科学减肥需要的热量差就是模型，然后我选择最近一个月每顿饭的菜谱、运动方式、休息时间，这就是选择参数。根据模型，我大体就能预测出一个月能减去的体重范围。

统计研究问题的思路则相反。统计从上帝视角转为人间视角：我只有眼前的一堆数据，要利用这堆数据去预测世界可能的全景究竟是什么。仍以减肥为例。我发现你一个月瘦了10斤，通过观察和判断，我确定你没有节食，也应该不是生病，而是科学减肥的结果，这就是确定模型。在实际研究中，也是通过观察数据来推测模型究竟是 / 像高斯分布、指数分布，还是拉普拉斯分布等。然后，可以进一步研究，判定你这个月的减肥过程是怎样的，大概造成的热量缺口是多少，每顿摄取的热量应该有多少；同时根据你的口味，判定大概食谱可能是什么，选择做了什么运动等，这就是推测模型的参数。

　　一句话总结：概率是已知模型和参数，推数据；统计是已知数据，推模型和参数。简单地说就是，概率用上帝视角预测这个世界的未来，统计用现实的视角揣测世界的本来面貌。

　　统计学能够揣测世界的本来面貌并被应用到各个学科，靠的是什么？靠的就是概率论的引入。概率论被引入统计学后，促进了现代统计学大踏步地发展。而这种融合，是从泊松分布开始的。

　　在泊松分布之前，概率和统计是两个不相关的学科。概率研究未发生的随机事件，统计描述已发生的现实。换句话说，那时只有描述统计，没有推断统计。泊松分布开启了推断统计的大门，第一次把概率和统计联系在一起，不仅让统计学变得更有力量，也促进了其他科学的发展。

本节思考题

第二次世界大战时德军曾轰炸伦敦，如果你是一个数学家，能不能通过分析炸弹落点，来判断德军是有针对性地轰炸，还是完全没有情报的随机轰炸呢？

扫描二维码
查看解析

4.6 假设检验（上）：怎样检验一个假说靠不靠谱

本章已经讲了正态分布、幂律分布等多种概率分布。可是概率分布到底怎么用呢？它能做什么呢？这一节就会给出答案。

简单来说，概率分布可以拿来检验假说。就是当有人提出一个假说的时候，我们可以通过概率分布，来检验这个假说到底靠谱不靠谱。

女士品茶

我们先从一个女士品茶的故事说起。

一个夏天的午后，英国剑桥大学的几位老师和他们的妻子在喝下午茶。突然，有一位女士说："我有一种超能力，一杯奶茶放在这里，只要尝一口，我就能分清它是先加的奶还是先加的茶。"在场的先生们哈哈大笑，认为这一定是她的幻觉。毕竟，把茶加到奶里和把奶加进茶里能有什么区别呢？但是，这位女士特别坚持，认为自己就是能分清，但其他人就是不信。就这样，事情僵在这儿了。怎么办？

科学证明的可信度当然是最高的。这件事能不能用科学方法直接证明呢？这确实是个思路，但怎么实现呢？我们得先化验一

153

下，看看把茶加到奶里和把奶加进茶里得到的两种液体的化学分子有没有区别。如果有区别，还得证明这位女士确实能感知这种区别。这一通证明做下来，代价太高了，根本犯不上。

有没有其他简单的操作方法呢？也有。我们可以先假设这位女士不能品尝出区别，全靠猜，然后让她喝奶茶，看她能不能分辨出区别。

先给她喝一杯，结果她说对了。这好像没什么，就一杯嘛，盲猜也有50%的正确率。我们不能相信她。

再给她喝一杯，结果她又说对了。如果靠纯猜，连着两杯都猜对的概率是25%。这个数字好像还是挺大的，还是不能相信她有这种能力。

只能再给她喝第三杯、第四杯……结果，连喝六杯，她都说对了。连猜六次都猜对的概率是多大呢？50%的6次方，约等于1.6%。也就是说，如果纯靠猜，她连着六杯都猜对的概率只有1.6%。

这个概率太小了。就像一个学生考试考了98.5分，你能说他的答案全是瞎蒙的吗？显然不能。同样，我们当然也没有理由再去质疑这位女士，而只能接受相反的结论，认为她确实能分辨出差别。

简单来说，如果能证明一个结论发生的概率特别特别小，我们就可以推翻这个结论，接受和它相反的结论。这个推断的过程就叫"假设检验"。

假设检验包含假设和检验两个部分。首先，我们先选择一个假设，随便选择一个就行，然后再去验证这个假设。怎么验证呢？就看它会导致什么结果。如果它导致了一个发生概率非常低、非常不合理的结果，那这个假设就不成立，我们就可以推翻这个假设，承认和它相反的结论；如果这个假设没有导致不合理的结果，那我们就不能推翻它。

比如女士品茶事件中，先假设女士不能品尝出差别，全靠猜，然后再去验证它。结果女士连着六杯都说对了，这个概率非常小，只有 1.6%，可以说几乎不会发生。这时候，不相信她不行了，我们只能推翻原来的假设，认为她确实能分辨出差别。

如果这位女士尝了六杯，说对了四杯，错了两杯呢？显然，即使纯瞎猜，这个结果也是很可能出现的。就像抛硬币，连抛六次，出现四次正面、两次反面也很正常嘛。所以这时候，我们就不能推翻原来的假设，也就不能相信这位女士。

先假设再检验，这就是假设检验的基本思路。

讲到这里，还有一个问题没有解决：什么时候能推翻原来的假设，什么时候不能推翻，总得有个标准吧？

确实有标准。很多情况下，这个标准都是 5%。在女士品茶的故事里，我们用的也是这个标准。就是说，如果概率超过 5%，打死我我也不相信这位女士；但如果概率低于 5%，我就相信她。其实，只要这位女士连续五杯都说对，这个概率就已经小于 5% 了。但当时那帮绅士的英国科学家非要让她六杯都说对才行。看来这些人对这位女士的要求挺苛刻的。

有了假设检验，我们就拥有了一把利器，能够刺穿复杂的现象，收获一个个相对靠谱的结论。

比如去医院检查身体，医生会先假设这个人没病，然后通过一系列检查，看能不能找到患病的症状。像新冠肺炎，只要核酸检测是阳性，这个人没被感染的概率就很低，基本上就确诊了。这时候，医生只能放弃这个人没有病的假设，转而认为这人患病了，赶紧想办法治疗。如果核酸检测是阴性，这个人没有被感染的概率就很大，就不能推翻原来的假设。

其实不止这些，假设检验一诞生就席卷了各个领域，几乎成为现代医学、心理学、经济学、社会学，乃至计算机科学等学科研究的底层方法之一。

基于概率反证法的统计推断

刚才讲的是故事和思路，接下来我用专业的术语你解释一遍。这部分学起来会辛苦一些，但我们学的就是数学课，这些术语也是科学家一直在用的，所以还请你打起精神来。

第一个术语：H_0（零假设）和 H_1（备择假设）。

这是一对假设，可以自己设定，只要互相对立就行。刚才说的先设定一个假设，这个假设就是 H_0；和它对立的假设，就是 H_1。女士品茶的故事中，如果 H_0 是"女士不能分辨出差别，全靠猜"，那 H_1 就是"女士能分辨出差别"。

第二个术语：P 值。

就是在 H_0 这个假设下，当前现象以及更极端现象出现的概率。

比如女士品茶的故事中，在"女士不能分辨出差别，全靠猜"这个假设下，出现了什么现象呢？女士连着六杯都说对了，该现象的概率是1.6%。1.6%这个概率就是P值。

请注意，P值的大小会直接影响我们的判断。如果P值特别大，我们就不能推翻H_0这个假设，更不能去相信H_1；而如果P值特别小，就可以认为H_0几乎不可能发生，转而去相信H_1。女士品茶的故事中里，1.6%这个概率太小了，所以我们就可以推翻"女士不能分辨差别，全靠猜"这个假设，相信"她确实能喝出差别"。

到底P值多大，H_0才不能被推翻呢？或者反过来说，P值小到什么程度，H_0就可以被推翻，H_1这个假设就成立了呢？这个标准就是——显著性水平。

第三个术语：显著性水平。

你可以把显著性水平想象成一把刀，一刀剁下去，刀这边是"不能推翻H_0"，刀那边是"推翻H_0，接受H_1"。至于这把刀具体剁在哪儿，是往左一点还是往右一点，一般学界是有标准的，用得最多的就是5%。只要P值小于5%，就推翻H_0，相信H_1；如果P值大于5%，就没办法推翻H_0。当然，也有一些领域觉得5%这个标准太宽泛了，就设置成了1%。在某些领域，甚至会设置非常严苛的标准。比如，物理学中在发现粒子等问题上，执行的标准是百万分之一。

总之，显著性水平要依领域而定，每个领域都有自己的共同体标准。

概率分布是假设检验的基础

女士品茶的故事特别简单，P值很好计算。复杂一点的案例就没那么容易计算了。比如，我在菲律宾遇到一个男人，身高一米七，请问这人在菲律宾是高个子还是矮个子呢？这时候，当然可以用假设检验来推理，但请问P值是多少？

这时候我们压根儿没法计算。总不能因为一个人的身高问题，把菲律宾所有男人的身高都统计一遍吧？那怎么办呢？

答案是，用概率分布。找出菲律宾男人身高的分布图。我们知道，分布图里横坐标代表身高，纵坐标就代表概率。因为P值就是在H_0这个假设下，当前现象以及更极端现象出现的概率，所以相应的，分布图中身高一米七及以上的人的概率就是P值，自然就代表这群人所占的比例。

如果一米七及以上的男人只有10%，那P值就是10%。这个人在身高前10%这个区间里，那他肯定就算高个子了。如果分布变了，一米七及以上的男人占30%呢？这时P值就变成了30%。还有30%左右的人比这个人高，他就不算高个子了。

如果把问题换一下：在整个亚洲，这个人算不算高个呢？这时候，就不能看菲律宾男人的身高分布图了，得去看亚洲男人身高的分布状况。

你看，分布不一样，问题的适用范围就不一样，得到的判断结果也不一样。

对于很多复杂的随机事件，需要把随机事件的概率分布图拿出来，并根据在图中的位置确定 P 值的大小。只有这样，才能和显著性水平比较，才能判断 H_0 能不能被推翻。换句话说，**假设检验是基于概率的反证法，而要用概率的反证法，就要用到概率分布**。以概率分布为基础，得到靠谱、有价值的结论，正是概率分布的意义所在。

本节思考题

关于假设检验，下列说法错误的是？（　　）

A. 假设检验能让我们依靠有限的数据得到靠谱的结论，推动了很多学科的发展

B. 在假设检验里，很多领域常用的显著性标准都是5%

C. 使用假设检验时，零假设和备择假设必须是互斥的

D. 因为 P 值要特别小才能推翻零假设，所以假设检验的结论一定是正确的

扫描二维码
查看解析

4.7 假设检验（下）：系统性偏差是怎么回事

　　假设检验非常强大，也推动了很多学科的发展。但是，是不是只要正确使用了假设检验，而且 P 值还特别小，就一定能得到靠谱的结论呢？还真不一定。

　　1998年，国际著名医学期刊《柳叶刀》发表了一篇论文。在论文作者调查的9个儿童里，有8个都在接种了麻疹疫苗后出现了自闭症。正常情况下，儿童患自闭症的概率是1%左右，但现在，9个孩子里竟然有8个患了自闭症。这时候，P 值小到几乎是零了。于是，经过一番假设检验，论文作者声称，"接种麻疹疫苗会增加孩子患自闭症的风险"。

　　这可把家长们吓坏了。《柳叶刀》可是权威的医学杂志，这个结论怕是没错了。所以，很多家长就不给孩子打麻疹疫苗了，美国麻疹疫苗的接种率大幅下降。

　　但在2010年，事情发生了反转。《柳叶刀》撤销了这篇论文，认为论文的结论完全是错误的。但是，损失已经无法挽回。美国疾控中心的数据显示，从2001年到2015年，美国未接种麻疹疫苗的儿童数量翻了4倍，沉寂近20年的麻疹卷土重来，很多孩子付出了健康乃至生命的代价。而且"造谣一张嘴，辟谣跑断腿"，现在还有不少家长相信这个谣言。

　　为什么好好的假设检验，却会导致错误甚至是荒谬的结论呢？其实，假设检验有很多"坑"，用不好就会掉到"坑"里。这一节，我们就来详细说说这些"坑"。只有了解这些"坑"，尽量避开它们，我们才能更好地使用这个方法，让它发挥更大的作用。

忽视小概率事件

　　首先你得明白一点，假设检验这个方法本身就是有瑕疵的。这其实不难理解。我们的结论，不管是 H_0 还是 H_1，针对的都是全部、所有、每一个事件；但我们用来假设检验的，却只是一些个别的样本。

　　就像女士品茶的故事中，说女士能分辨出区别，就代表她每一杯都能分辨。但实际上，我们只试了六杯。真要杠起来，六杯都说对了，也只代表她这六杯说对了，不代表下面六杯也能说对，更不代表她每一杯都能说对。

　　我们在推断中用了小概率这个工具，认为如果概率特别特别小，事件就不会发生。但小概率事件真的不会发生吗？

　　当然会。比如，有位叫亚当斯的美国人，在短短四个月里中了两次乐透彩票的头奖。中一次头奖的概率已经低到千万分之一了，中两次的概率几乎就是 0。但这件事确确实实就发生了。彩票公司也不能因为他两次中头奖的概率几乎为 0，就拒绝兑付奖金。

所以说，既然假设检验要从个别推导出全部，就一定会忽视一些极端的小概率事件。这是它从娘胎里就带着的基因缺陷，没法改变。

导致系统性偏差

假设检验的第二个问题是，它很容易导致系统性偏差，让人们更容易相信一些反常的结论。

什么叫系统性偏差呢？

上一节说过，P 值会直接影响我们最终的结论，但 P 值的大小是由样本决定的。选择的样本不同，就会得到不同的 P 值。也就是说，只要不断改变样本，就能不断改变 P 值，最终总能找到一个非常小的 P 值，也就能推翻原假设，得到一个自己想要的结论。

但别人不知道我们是怎么得到这个 P 值的，不知道我们可能偷偷摸摸试了几百次，才找到这个非常小的 P 值。大家都是一看方法没问题，就相信了。这就叫系统性偏差。

拿著名的邮件骗局来说——你的朋友每天都会收到第二天股票涨跌的消息，连续 10 天、20 天都是正确的。于是他就推断说，这个发消息的人是股神，要找这个人理财。事实真的是这样吗？

我们知道，股票一般就只有涨和跌两种状态，假设概率一半一半，那我今天给 1000 个人发消息，给 500 个人发涨，给 500

个人发跌。如果明天涨了，再给收到涨的这 500 个人中的一半发涨，另一半发跌。长此以往，总会有几个人在好多天中收到的都是完全正确的预测。

在这个骗局里，不管我们怎么用假设检验，一定会得到一个非常小的 P 值，从而推翻原假设，认为这人就是股神。为什么呢？因为我们只能看到那几个一直收到正确消息的人，而看不到还有几百、几千个收到过错误消息的人。就像一座冰山，我们只看到它露出水面的一小部分，却看不到水下的大部分。

科学研究也是一样的。很多论文的结论特别具有颠覆性，假设检验的推理过程也没问题，但后来却被证明是错的。这是怎么回事呢？你可以想象这样一种情况：

可能有 200 个团队都做了某个试验，但 199 个团队都没有得到什么反常的、有价值的结果。恰巧有一个团队，因为随机原因或者操作误差而得到了一个颠覆性的结果。这时候，他们赶紧发表论文，并且马上就会被媒体渲染成重大发现。但其实，这一个团队的结论只是偶然出现的，其他 199 个团队只是都没有发现反常的结论，没有发表论文罢了。

我们只看到了这篇发表的论文，却没看到那 199 个没有发现异常结果、无法发表论文的结论，当然就会轻易相信它。本质上，这和邮件推荐股票的骗局是一样的。

对于很多号称有重大发现的单一试验的结论，科学家之所以都会先存疑，然后再分头去重现、去验证，其实就是这个原因。孤证不立，一次试验可能有很大的偶然性，只有很多试验都验证了某个结论，我们才能相信它。也因此，严谨的科学论文中一般不说"我们证明了什么"，而是说"我们认为什么和什么有统计的显著性"。

显著性水平设置不好导致错误

上面两个"坑"是假设检验这个方法本身的问题，但假设检验里的"坑"可不止这些。在使用假设检验的过程中，也有两个"坑"是要注意的。最常见的就是显著性水平的设置要跟问题联动。

上一节讲了，显著性水平是约定俗成的，在不同的领域，需要选择不同的标准。

举个例子。传染病或者癌症的早期筛查，显著性水平的门槛能无限提高吗？显然不能。因为在这些时候，医生会先假设这个人没有患病，然后通过各种检查发现可疑的病症，把真正的病人找出来。

如果显著性水平的门槛特别高，比如说1%，甚至是1‰，就会让推翻原来的假设变得特别困难。可能很多人明明患病了，但就是没法确诊，结果会漏掉大量的病例，不仅耽误病情，还可能导致传染病的传播。这危害可比误诊大多了。

所以，对于这种情况，我们需要适当降低准入门槛，允许一些准确率只有90%，甚至80%的检测仪器、试剂进入临床，通过多维度筛查，尽可能避免漏诊。

相反的，如果是物理学研究呢？显著性标准的门槛也应该降低吗？

当然不行。

门槛降低，零假设就很容易被推翻，也就很容易得到各种牛鬼蛇神的结论。这时候，我们怎么确信一个科学发现是真的，而不是受到了设备误差的影响呢？经常有物理学发现被证明不靠谱，你能接受吗？

所以这时候，我们的门槛要大大提高，让推翻零假设变得特别困难。虽然相应地，做出新发现也变得困难了，但起码保证每一个发现都确凿无疑。像大型强子对撞机发现希格斯玻色子这个实验，就需要百万分之一的显著性标准。

你看，显著性水平的设置要和问题联动，依领域而定。如果在该严的领域放宽了标准，或者在该松的领域设置了过严的标准，就可能产生一些问题。

用错分布导致错误结论

除此之外，还有一个小小的"坑"，虽然很明显，但也有人会掉进去，所以咱们也说一下。什么坑呢？就是用错分布。

比如，一般假设检验只用于正态分布，如果一个随机事件明明不符合正态分布，却偏要用假设检验，结论当然会出错。

比如国家统计局公布，2019 年北京居民平均月工资是7828.49 元。你想判断统计局公布的数据靠不靠谱，能不能用假设检验呢？可不可以随机选择50个人，看看他们的平均收入在不在7800元附近？当然不能。前面说过，居民收入不服从正态分布，而是服从幂率分布。而幂率分布中根本没有均值和标准差。这时候，再用收入的均值做假设检验就没有意义了。

即使都是正态分布，用不对数据也一样会错。就像上面讲的，明明是菲律宾人的身高问题，你却拿出亚洲人的身高分布数据做比较，或者拿出菲律宾人的智商分布数据做比较，结果当然也是错的。

你看，想要把假设检验用好，还得选对分布才行。用错了分布，结果必然是毫无意义的。

本节思考题

2020年天猫"双十一"期间的成交额达4982亿。有人怀疑数据造假，因为它与二次或三次函数回归非常吻合。你怎么看待这个问题？请用这一节的内容分析。

扫描二维码
查看解析

拓展阅读：

几种常见的概率分布模型

一、等概率模型

先从抛硬币说起。抛硬币正面朝上的概率是50%，反面朝上的概率也是50%，正面朝上和反面朝上就是抛硬币结果的两个随机变量，你可以利用表格来表示结果，也可以画图来表示概率分布。

如果用表来表示，只需把随机变量的两个结果作为两个列，对应的概率值作为列的值即可（表4-2）。

表4-2　抛硬币两个结果的概率

事件	正面朝上	反面朝上
概率	50%	50%

如果用图来表示，横坐标是两个随机变量的值，对应的概率做成柱状即可（图4-8）。

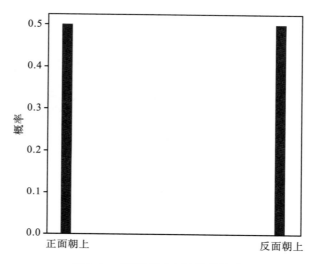

图4-8　抛硬币两个结果的概率

掷骰子其实也是一样的，只不过随机变量的数量和取值发生了变化——不是两个值，正或者反了，而是1~6，6个骰子的值，相应的表格和图像如表4-3和图4-9所示。

表4-3　掷骰子结果的概率

点数	1	2	3	4	5	6
概率	$\frac{1}{6}$	$\frac{1}{6}$	$\frac{1}{6}$	$\frac{1}{6}$	$\frac{1}{6}$	$\frac{1}{6}$

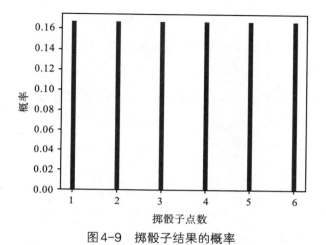

图4-9　掷骰子结果的概率

这两个概率分布其实很类似，都是有限的结果，每个结果都是相同概率的，这类概率分布就叫等概率分布。

等概率分布的公式也很简单，公式如下：

$$P = \frac{1}{n},$$

其中，n 为有限结果的个数。

二、几何分布

还是以抛硬币为例。这次我们连续抛硬币，直到抛出第一次反面朝上就结束游戏，那么我们会抛几次呢？这也是一个随机事件。可能抛 1 次就是反面朝上，也可能运气不好，要抛很多次才能出现反面朝上。直觉上我们知道，正常情况下，抛少量的次数，就应该能抛到反面，需要抛的次数越多，出现的概率越小。

那么，第一次出现反面时抛硬币的次数的概率分布是怎样的呢？这就需要另一种概率分布了，叫几何分布，这个分布就是用来解决"第一次"的问题的。

抛1次就能抛到反面的概率是 $\frac{1}{2}$ ，抛2次能抛到反面的概率是 $\frac{1}{2} \times \frac{1}{2} = \frac{1}{4}$ ，如此类推，出现的概率分布就是一个几何分布（见表4-4，图4-10）。

表4-4　第一次出现反面的次数的概率

抛掷次数	1	2	3	4	5	6
概率	$\frac{1}{2}$	$\frac{1}{4}$	$\frac{1}{8}$	$\frac{1}{16}$	$\frac{1}{32}$	$\frac{1}{64}$

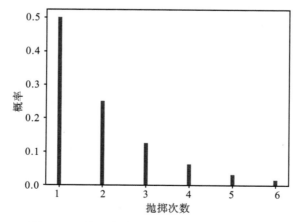

图4-10　第一次出现反面的次数的概率分布

几何分布的公式表达是：

$$P(X=k) = (1-p)^{k-1} \times p, \; k=1, \; 2, \; 3, \; ...$$

三、二项式分布

连续抛硬币10次，正面朝上的总次数也是随机的，出现5个正面的概率肯定最大，那么其他次数的概率分布是怎么样的呢？这就用到了二项式分布。抛10次硬币，正面朝上5次的概率是最高的，正面朝上4次与6次、3次与7次、2次与8次、1次与9次、0次与10次的概率都是相等的，正面朝上次数从0次到5次，概率不断增加，出现5次朝上时的概率最大，从5次到10次，概率又逐渐下降。用图表表示分别如表4-5和图4-11所示。

表4-5　抛硬币10次出现 n 次正面朝上的概率

正面的次数	概率
0	0.00097656
1	0.00976563
2	0.04394531
3	0.11718750
4	0.20507813
5	0.24609375
6	0.20507813
7	0.11718750
8	0.04394531
9	0.00976563
10	0.00097656

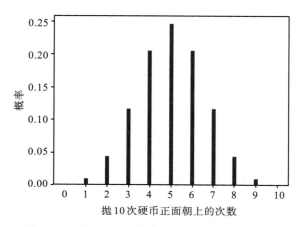

图4-11　抛硬币10次出现n次正面朝上的概率

二项式分布的公式是：

$$P(X = K) = \binom{n}{k} p^k (1-p)^{n-k},$$

其中，n为独立的伯努利试验次数，p为成功的概率，（$1-p$）为失败的概率，X为在n次伯努利试验中出现成功的次数。

你看，同样是抛硬币，有不同的概率分布。概率分布不是解决抛硬币这件事的，而是解决关于抛硬币这件事提出的不同问题的。不同的问题，有不同的随机变量，有不同的概率分布。为什么说数学的基础是学好语文？因为我们首先需要明确地理解问题是什么。

上面三种常见的分布都是离散型分布。什么是离散型分布？就是随机变量的值是有限的，我们只要知道每一种值的情况、对应的概率是多少就好了。

但是有些事情，随机变量的值不是有限个数的。比如体重，它们可能是82kg，也可能是82.1kg，还可以继续精确下去；比如时间，可以精确到小时、分钟、秒、毫秒。如果随机变量的取值不是离散型的，我们就要用到连续型的概率分布了。

四、指数分布

指数分布又被称为负指数分布，在概率论和统计学中用来描述泊松分布过程中事件之间的时间的概率分布，在很多科学计算中被广泛使用。指数分布的公式为

$$f(x) = \begin{cases} \lambda e^{-\lambda x} & (x > 0) \\ 0 & (x \leq 0) \end{cases} \quad 。$$

指数分布的图像如图4-12所示。

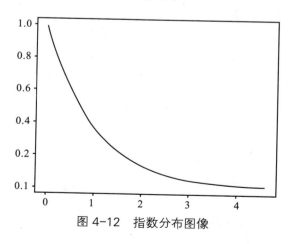

图 4-12 指数分布图像

5

第5章

贝叶斯法

作为概率论的两大学派之一，贝叶斯法有其独特的优势。比如在处理逆概率问题时，频率法束手无策，贝叶斯法则是一个绝佳选择。因此在人工智能、商业分析、医疗检测等领域，贝叶斯法都有广泛的应用。这一章，我们学习贝叶斯法，这是我们要攻克的最后一个、也是最难的一个山头。

5.1 条件概率：辛普森案中有什么概率陷阱

　　为了顺利攻克贝叶斯法这个山头，在具体讲贝叶斯推理、贝叶斯计算之前，我们得先搭建一架梯子。这架梯子就是"条件概率"。

　　什么是条件概率？日常生活中，你肯定听过这样的话："今晚刮大风了，明天应该不是雾霾天""他昨天晚上睡得很晚，今天应该不会早起"，再比如"头大脖子粗，不是老板就是伙夫"……这些话都很有道理，但你有没有思考过，这些判断都是怎么得来的呢？它们背后的逻辑是什么呢？其实，这背后的逻辑就是条件概率。

　　所谓的条件概率，简单来讲就是，如果一个随机事件发生的概率会因为某个条件而发生变化，那在这个条件发生的情况下，这个随机事件发生的概率就是条件概率。

　　因为今天晚上刮大风了，所以明天出现雾霾的概率大大降低；因为昨天睡得晚，所以今天大概率不会早起；因为头大脖子粗，所以是老板或伙夫的概率大大提升……这不就是某个条件导致概率发生了变化吗？

　　这样的例子简直无处不在。比如我告诉你，我在文章里看到了一个词——苹果，请问说的是苹果这种水果，还是美国的苹果公司呢？不好判断吧？但是如果告诉你，这篇文章讲的是科技企业相关的，那自然的，这个词指代苹果公司的概率就要大一些；如果告诉你，我正在看父亲发给我的养生文章，那它指代水果的概率就更大；如果这是一篇讲供应链的文章呢？那这里的苹果既有可能是水果，也有可能是苹果公司，具体是哪个，就不好判断了。

也就是说，条件不一样，概率也会发生变化。

条件概率是有公式的，代入公式就可以直接计算概率，公式如下：

$$P(A \mid B) = \frac{P(AB)}{P(B)},$$

其中，$P(A \mid B)$ 为条件概率，表示在事件 B 发生的条件下，事件 A 发生的概率；

$P(AB)$ 为事件 A、B 同时发生的概率；

$P(B)$ 为事件 B 发生的概率。

举个例子。幼儿园某个班，60% 的小朋友喜欢巧克力冰激凌，30% 的小朋友喜欢巧克力冰激凌和草莓冰激凌。请问，在喜欢巧克力冰激凌的人里，也喜欢草莓冰激凌的人占多少？

假设有 100 个小朋友，60 个喜欢巧克力冰激凌，30 个喜欢巧克力冰激凌和草莓冰激凌。很明显，在喜欢巧克力冰激凌的 60 个人中，有 30 个人还喜欢草莓冰激凌，所以答案是 50%。

带入条件概率公式，结果也一样：A＝喜欢吃草莓冰激凌，B＝喜欢吃巧克力冰激凌，则

$$P(A \mid B) = \frac{P(AB)}{P(B)} = \frac{0.3\%}{0.6\%} = 50\%。$$

我们介绍这个公式主要是为了了解其中的思想，公式本身并不重要。

一切概率都是条件概率

识别条件概率听上去似乎很简单，但在现实生活中，其实并不容易。还记得前面讲独立性时举的双黄蛋的例子吗？把鸡蛋装入盒子这件事看起来是完全独立的，但在"第一个是双黄蛋"这个条件下，后续装入盒子的也是双黄蛋的概率就会大大增加。你看，看似独立的事件，其实也是有约束条件的。

再比如，你家隔壁搬来了一位新邻居，中年男人，斯斯文文的，戴个眼镜。新邻居的职业是医生或工程师。如果我问你，新邻居更可能是医生还是工程师呢？你可能会说："我怎么知道？一半对一半吧。"其实这样说不对，因为在这个城市里，工程师和医生的数量是不一样的，工程师的数量可能是医生的10倍不止。也就是说，这时候，新邻居是医生的概率只有是工程师的$\frac{1}{10}$。猜一半对一半，可就和真实概率差太远了。

你看，对于"新邻居是医生还是工程师"这个问题，看起来也没有任何前提条件吧？但其实它有隐藏的条件，那就是这个城市工程师和医生的数量是不一样的。如果下意识地忽视了这个条件，认为工程师和医生数量一样，一半对一半，结果就会出错。当然，如果你们小区是医院的家属楼，那相应的隐藏条件又变了，新邻居是医生的概率可能就要远远高于是工程师了。

发现了吗，很多我们以为完全独立、没有条件的随机事件，其实都是有条件的，只不过它们的条件隐藏得很深，不那么容易被发现。如果忽视了这些条件，可就要犯错了。

其实严格来说，**所有的概率问题都是基于条件的。**

像我们刚才说的例子，都有条件，就连最简单的、概率论老师都愿意举的抛硬币的例子，其实也隐藏了很多条件。当我们说"硬币正面朝上的概率是50%"时，其实就隐含了很多条件，比如这个硬币的两面是均衡没有差异的，抛硬币的手法没问题，空气密度不影响硬币的结果，气流不会对硬币产生干扰等。

那我们说"明天太阳照常升起的概率是100%"这一客观规律时，是不是就没有条件了呢？不，它也是有条件的。条件就是地球还在围绕太阳公转，太阳系还没有毁灭。真要是"流浪地球"了，不就看不到太阳升起了吗？你看，一切事件都有条件。因此我们才说，**本质上，现实世界所有的概率都是条件概率。**

我们错误估计了一件事的概率，往往就是因为忽略了这件事的前提条件，导致对概率的计算或者预估发生了错误。

前提条件需注意的三个方面

那么，面对一个随机事件，需要从哪些方面来注意其前提条件呢？概括来说，可以重点关注以下三个方面。

第一，注意时间或空间的变化。

来看一个哲学中的悖论——突然演习悖论，当然它通常不是以概率问题的面貌出现的。问题是这样的，比如老师告诉我们，下周有个课堂随机抽查考试，周一至周五任何一天上午，老师会告诉大家当天要考试。

你立刻就会反应过来，这个考试肯定不是在周五，因为如果周一到周四都不考试，那么到了周四下午，大家就都知道周五肯定要考试了，既然肯定要考试，就不算抽查了，所以，周五被排除了。剩下周一到周四，同理，周四也不可能考试，因为排除了周五，周四就是最后一天了。周四被排除了，接着周三变得不可能了，接着周二，最后周一也被排除了。这样一想，你终于明白了，根本没有随机抽查考试这回事。结果周三早上，老师告诉你们当天考试。

这个悖论的本质是抽查是一件随机的事情，可分析来分析去，却发现这件事情并不随机。要解决这个悖论，理解条件概率很重要。你要知道随着时间的变化，随机事件发生的概率其实是变化的。考试的可能性也就是概率发生变化，依然是随机的。

我们假设周一到周五随机考试的概率相同，那么周一考试的概率显然是 $\frac{1}{5}$，周二到周五任何一天有考试的概率也都是 $\frac{1}{5}$。可一旦情况发生了变化，比如周一没有考试，那周二考试的概率还是 $\frac{1}{5}$ 吗？显然不是了，当前提条件发生了变化，周二、周三、周四、周五有考试的概率在周一早上没有宣布考试开始，就从 $\frac{1}{5}$ 变成了 $\frac{1}{4}$ 。同理，如果周二上午也没有宣布考试，那么从那一刻开始，周三、周四、周五有考试的概率从 $\frac{1}{4}$ 变成了 $\frac{1}{3}$ 。依次类推，过了周四早上，周五考试的概率就上升到 1 了。

这就是条件概率的应用，时间、空间的变化会让一件事的概率不断地发生变化。如果忽视这个变化的信息的影响，还按照独立事件来计算，当然就要出错了。

第二，注意个体和整体的差异。

正常情况下，我们说一件事的概率是多少时，说的都是整体概率。但我们知道，个体之间是存在巨大差异的。比如，我们说"一个人一生中被闪电击中的概率是三十万分之一"，这就是一个整体概率，是所有地球人被闪电击中的平均概率。具体到每个个体时，这个概率显然是不同的。我每天待在办公室工作，被闪电击中的概率自然就会更低；而美国弗吉尼亚州有个叫萨利文的护林员，因为当地雷雨天很多，而他又天天在空旷的森林边工作，因此被闪电击中的概率就远比我高。不幸的是，他一生中被闪电击中了7次。

再举一个重大疾病保险的例子。对于重大疾病保险，中国银行保险监督管理委员会统一规定了必保的25种重大疾病。保险公司通常会按照年龄计算保费，比如在28岁这个年龄，患25种重大疾病的概率是多少，平均赔偿是多少，然后根据一系列的规则，计算出卖给28岁成年男性的重大疾病保险的保费应该是多少。但具体到某一个28岁的年轻人，他患这25种重大疾病的概率并不等于整体的概率。患病有基因的问题，也有生活习惯的问题，所以势必有一群没有患病基因、同时生活习惯良好的人，交的保费用来"补贴"易患病的人群。这就造成有重大疾病家族史的人群会购买保险，而没有家族史及生活习惯良好的人不愿意购买，而这又势必会推高保险价格，从而导致一方面重大疾病保险的覆盖率不高，另一方面保险公司也不容易赚到钱。

如果能根据个体患病概率对个体进行个性化定价，不仅可以提高重大疾病保险的覆盖率，还能保证保险公司盈利。这就像我们用淘宝买东西时用到的运费险。买家购买了运费险后，如果有退货行为，淘宝就赔偿给你 8～12 元的退货物流费。不同的人在不同的店买不同的东西，退货的概率是不一样的。淘宝针对每个个体在某个特定的商店里买特定货物的行为，计算出可能的退货概率，从而得出个性化的运费险价格，这就是条件概率的计算。这样个性化的定价策略，既能让运费险覆盖更多的人，又能给淘宝平台带来更大的收益。

以我自己为例，我一般购买运费险的价格是 8 毛多。如果我在某家店铺准备买某个商品时，发现运费险的价格是 3 元、5 元，就说明这个商品或者这家店铺的退货率很高，我就会重新审视这个商品我是不是真的需要，或者再仔细看看评论，看看这个商品的描述是不是存在不全面和不客观的情况。

总而言之，整体概率和个体概率是有差异的，通过条件概率计算个体概率，更有可能获得个体的真实概率。

第三，注意某些会被忽略的隐含信息。

隐含信息是现实生活中最容易忽略的问题。这种忽略可能是被故意误导产生的，也可能是缺乏相关知识造成的。

比如，一种传染病的致死率是70%以上，另一种传染病的致死率是2%，哪种对世界更危险？很多人会脱口而出，当然是第一种更危险。但其实这里有个我们常常会忽略的隐含条件，那就是这两种传染病传播的范围和影响是不一样的。

其实，第一种传染病是埃博拉，第二种是新型冠状病毒性肺炎。虽然埃博拉病毒的致死率极高，但它远比新型冠状病毒性肺炎容易预防和诊断，传播效率远低于后者，影响的人群也远远小于后者。所以，虽然新型冠状病毒性肺炎的致死率低，但它对世界的影响更大。

忽略隐含条件，会给你的决策带来巨大的影响，造成巨大的损失。

操纵条件，改变概率

既然所有概率都是条件概率，那相应地，只要学会操纵这些条件，我们就能改变随机事件发生的概率。从必要性来说，学习这些可以避免自己被套路，陷入别人的骗局。更进一步，我们可以获得一些别人没有的优势，为自己争取更多的利益。

第一，运用条件概率识别骗局，避免被套路。

识别骗局、避免被套路这一点在一个案例中体现得特别明显，那就是法律界无人不知的"辛普森案"。案件的细节我就不多说了。如果想了解，你可以去得到 App 听刘晗老师的"刘晗讲辛普森案"。我们主要讨论一点，在这个案件的法庭辩论上，一个令双方律师产生严重分歧的条件概率问题。

在庭审的最初 10 天，原告列举了无数证据，证明辛普森常常家暴前妻。他们认为，"一个巴掌可能就是谋杀的前兆"，长期家暴说明辛普森有谋杀前妻的动机。被告律师则反驳说，家暴和谋杀没有必然关系。因为截至 1992 年，美国有 400 万妻子被家暴，但只有 1432 人被丈夫杀害，1432 除以 400 万，被家暴妻子被谋杀的概率低于 $\frac{1}{2500}$。所以，家暴证明不了辛普森谋杀。

你看，被告律师说的是，在家暴这个条件下，一个人谋杀妻子的概率并不会大大增加，所以不能因此判定辛普森有罪。他还举出了数据，听起来似乎有理有据。如果你是陪审团成员，你能相信他吗？

答案是，不能。

为什么呢？因为在这个计算中，被告律师忽视了一个条件——辛普森的前妻已经被杀害了。一旦"前妻已经被杀害"这个条件出现，问题就不再是"在家暴的条件下，丈夫谋杀妻子的概率是多少"了，而是变成了"在丈夫家暴妻子，且妻子已经死于谋杀的双重条件下，杀人凶手是丈夫的概率是多少"。

多了这一个条件，计算结果可是千差万别。"在丈夫家暴妻子，且妻子已经死于谋杀的双重条件下，杀人凶手是丈夫的概率是多少"这个问题的反面是什么呢？是"在丈夫家暴妻子且妻子已经被杀害的双重条件下，但杀人凶手不是丈夫而是其他人的概率是多少"。而按照被告律师的思路，他们求的是"在家暴的条件下，丈夫谋杀妻子的概率是多少"。这个问题的反面是什么呢？是"在家暴的条件下，妻子没有被丈夫谋杀的概率是多少"。显然，这是完全不同的两个概率问题。

事实上，如果真算起来，这个条件概率要远远高于 $\dfrac{1}{2500}$。还是按照被告律师的数据，再结合美国1992年的数据，很多人大致做了个推演。在丈夫经常家暴妻子，且妻子确实死于谋杀的双重条件下，杀人凶手是丈夫的概率高达93%。也就是说，被家暴的美国妇女如果死于谋杀，凶手不是自己丈夫的概率只有7%。

我们使用频率法，把概率和百分比转换成事件发生的次数。如果有10万个被丈夫家暴过的妇女，那么其中大概有40个妇女最终会被丈夫谋杀（$\dfrac{1}{2500} \times 100000 = 40$）。而根据美国联邦调查局于1992年发布的女性被谋杀的数据推算，每10万个被家暴的妇女中有43个会被谋杀。所以，还有3个妇女被丈夫以外的人谋杀了。

也就是说，被谋杀的43个妇女中，有40个是被对她们实施家暴的丈夫杀死的。因此，在已知丈夫家暴妻子且妻子被人谋杀的双重条件下，丈夫是凶手的概率高达93%。

条件概率的计算如下。

事件 A：妻子被丈夫杀害，事件 B：妻子被家暴且妻子死亡，则在妻子被家暴且被谋杀的双重条件下，妻子是被丈夫杀害的概率为

$$P(A\mid B)=\frac{P(AB)}{P(B)}=\frac{\dfrac{40}{100000}}{\dfrac{40+3}{100000}}=0.93。$$

当时，被告律师团队阵容非常豪华，其中甚至有哈佛大学的教授，所以我相信，他们肯定不是错误地使用了条件概率，而是巧妙地运用了辩论技巧，故意设了个骗局来欺骗陪审团。如果我们没有真正了解条件概率，就会很容易上他们的当，被他们带到沟里。

当然，必须得多说一句：即使概率高达93%，也不能证明辛普森杀害了前妻。条件概率只表示统计意义上的相关性，并不代表因果关系。家暴并不一定导致会谋杀，但家暴和谋杀妻子之间确实有很强的相关性。

另一个例子就很悲伤了。

1999年，英国一位名叫萨利的母亲接连失去了两名幼子。她的第一个孩子在出生后的第8周猝死，死亡原因是自然原因死亡。她的第二个孩子在第11周的时候也发生了猝死，她因此被告上了法庭。一位儿科专家以专家证人的身份出庭说，一个家庭中两个婴儿同时患猝死综合征的概率只有七千三百万分之一，这个概率太低了，全部的英国家庭加在一起也不会有一件这样的巧合发生。这个理由说服了陪审团，尽管本案除此之外，再也没有其他任何谋杀的人证、物证，也不存在任何杀人动机，但萨利最终还是被认定为谋杀了自己的孩子。

这个概率是怎么得出来的呢？数据显示，8500个像萨利一样的家庭中，就会有1例婴儿猝死，因此这位儿科专家通过简单的计算，得出同一个家庭中两个婴儿猝死的概率是 $\frac{1}{8500} \times \frac{1}{8500} = \frac{1}{73000000}$。

读到这里，你发现错误了吗？这种计算方法的前提条件是同一个家庭连续猝死的婴儿是独立事件。很显然，这个前提假设是存疑的，即便是没有医学背景的人，也会自然联想到可能存在基因的问题。事实上，有统计数据表明，如果家庭一个婴儿猝死，那么这个家庭其他婴儿猝死的概率会增加，大概上升到 $\frac{1}{100}$。

对萨利家来说，第二个婴儿猝死的概率是 $\frac{1}{8500} \times \frac{1}{100}$ 吗？显然也不是。第一个孩子已经被医院证明是自然原因死亡了，那么这个前提条件已经存在的情况下，第二个婴儿猝死的概率就是 $\frac{1}{100}$，这才是应该提交给陪审团的概率数字。$\frac{1}{100}$ 这一概率虽然小，但是远远大于七千三百万分之一的概率，而且是一个很可能发生的概率。$\frac{1}{100}$ 这个数据意味着，经历了一次婴儿猝死的家庭，有1%的概率还要再一次承受同样的打击。很不幸的是，萨利就遇到了这1%的悲剧。

那位专家证人如果理解条件概率，萨利就不需要在判决被推翻之前遭受三年的牢狱之灾了，而这位专家证人也不会被判严重渎职罪了。

第二，操纵条件改变概率，为自己赢取优势。

你应该听过"高频交易"这个词，其本质就是通过快速地买进卖出，获取远超市场平均值的收益。这个词听起来很高端，但其实它的本质就是利用条件概率。

我们知道，影响股价的因素太多了。不用说一年、一个月的时间，即使一星期，甚至一天内，都有各种正面、负面的信息汇集在一起，很难把握其中的关键因素。但是，如果把时间段缩短，比如缩短到一秒甚至一毫秒内，再来看，影响股价的因素就变得比较单一了。这时候，再去把握关键因素，难度就会小一些，盈利的概率就会大一些。这就是高频交易的基础。其中利用的还是条件概率。

现代在线广告的精准投放也是利用了条件概率。广告促进销售的基本逻辑是让广告触达足够多的人，在触达的人群中会有一定的概率产生销售。传统在线广告的模式是这样的：假设一个网站一天访问量是10万，其中男女各占一半，网站开屏广告的广告费用是1万元，10万个访问用户都能看到这个广告。我的产品是剃须刀，其实只想触达男性用户，这样我一半的广告费就浪费掉了。但如果网站告诉我，我只要出6000元，就能让所有男性用户都看到我的广告，我肯定愿意，这样既省了广告费，又不影响广告触达的目标客户，何乐而不为呢？而网站可以把针对所有女性用户的开屏广告位卖给女性产品的客户，比如化妆品，价格也是6000元，化妆品客户同样也很乐意。这样一个开屏广告位就能卖12000元，网站只要能够辨别访问用户是男性还是女性就可以了。这就是用户画像，在每个用户背后加一个性别标签，这个数据就能变现出2000元，同时也让想投放广告的客户节省了广告费。

　　一个性别标签，就使得原来一个访问用户可以带来1毛钱的广告收益，变成了1毛2分钱，如果能有更多标签，能更精准地定位用户呢？那么每个访问用户的广告价值就会大幅提升，网站的广告收益也会大幅提升。而这就是几乎所有互联网公司最主要的收入来源。这里的基本逻辑就是，不同特征的用户购买某个产品的条件概率是不一样的。那些特征就是用户画像，就是标签，也就是条件概率的条件。找到更精准的条件，就能提高产品转化的概率，从而既增加了互联网公司的营收，又降低了客户单支产品广告的费用。这也是互联网公司收集用户信息、用户数据的根本原因。

　　说白了，条件概率就是计算和量化某个条件对随机事件的影响。日常生活中，我们总说"找到关键因素"，其实就是在寻找对这件事产生重大影响的条件，并计算条件概率。

本节思考题

　　美国某小镇昨夜发生了凶杀案，小镇居民非常紧张。警长跟大家说："考虑到近10年来小镇只发生过2次凶杀案，这之后应该很久都不会再发生凶杀案了。"你站出来说："虽然之前平均5年才发生一次凶杀案，但是下一次凶杀案的发生概率依旧是稳定的。这一次凶杀案并不会让小镇平静 5 年之久，根据泊松分布，平均一年内发生凶杀案的概率还是 20 %。"警长淡定地说："是的，但是这个概率依旧很小，我们小镇还是很安全的，大家放轻松，正常生活吧。"

　　请问，警长的说法正确吗？我们还需要了解什么信息？

扫描二维码
查看解析

5.2 贝叶斯推理：机器学习为什么需要大量信息

通过上一节的学习，我们知道了条件不同，随机事件发生的概率就不同。我们还知道，一切概率本质上都是条件概率。具体来说，概率问题可以分为以下两类。

第一类，我们知道原因，要去推测某个现象。

本质上，这类问题和抛硬币、掷骰子是一样的。知道了硬币两面是均衡没有差异的，问它正面朝上的概率；知道了骰子是均匀的，问掷出 1 点的概率。这些都是知道了原因，要去推测现象。这类概率问题叫作正向概率问题。

在现实生活中，我们常常会遇到**第二类概率问题——看到了一些现象，要去推测背后的原因**。这类概率问题也叫作逆概率问题。

拿看病这件事来说，如果已知一个人得了流感，问他发烧的概率是多少，即先知道原因是得了流感，问发烧这个现象出现的概率是多少，这就是正向概率问题。但如果反过来问，已知这个人发烧了，问他得流感的概率有多大，这时候问题就反过来了，即看到的现象是发烧了，推测导致发烧的原因，这就是逆概率问题。

生活里，逆概率问题非常多。比如，看到女孩接受了自己送的鲜花，推测她接受自己表白的概率有多大；傍晚看到了天边的晚霞，问明天会不会下雨；人力看到了面试者的测评结果，判断这个人的个人素质如何、是不是契合这家公司，等等。这些都是看到现象求原因，都是逆概率问题。

问题来了，对于逆概率问题，我们怎样处理呢？或者换句话说，怎样通过零散的现象来猜测背后的原因呢？这时候，频率法就失效了。我总不能表白一万次，看看成功多少次吧？频率法不行，那我们该怎么办呢？

解决这类问题的思路，就是这一节要讲的内容——贝叶斯推理。

贝叶斯推理的基本逻辑

虽然贝叶斯推理这个词听起来很高级，但它的思路其实很好理解。咱们举个例子来说明吧。

现在在你的正前方远远走来一个人，请问这人是男生还是女生呢？真要细究起来，其实挺难判断的。即使一个人长得非常像女孩，我们也不能完全确定 TA 就是女孩，对不对？

你可能会说，离那么远，我怎么知道？随便猜一个，男孩和女孩的概率 50% 对 50% 吧。

但抬头一看，呦，这人一头长长的黑发披散在肩上。按常识来说，留长发的肯定女孩更多，男孩很少留这么长的头发，所以 TA 更可能是个女孩。这时候，你就要调整自己的判断，TA

可能是女孩的概率要提高到70%了。

再仔细一看，这人体型很娇小，而且腰很细，腰臀比很小，很有女性特征。自然，TA是女生的概率就更高了吧？

但是，再走近些发现，这人背着一把大吉他，后面还跟着三位带乐器的男生。到这时，你应该明白了，这四个人很可能是个乐队。而在乐队里，吉他手基本都是男生，很少有女生。想到这一点，你自然又要调整判断了，这人是男生的概率又增加了。当然，我不是说没有女吉他手，也不是说这人一定是男生，而是说TA是男生的概率非常大。

根据新信息不断调整对一个随机事件发生概率的判断，这就是贝叶斯推理。

这种思维方式其实非常常见。比如我们去医院看病时，医生判断病症的过程就是贝叶斯推理。医生最开始也不知道我们怎么了，但他们会询问我们哪里不舒服，发烧不发烧。得知发烧后，医生会考虑，普通感冒、流感、扁桃体发炎都有可能导致发烧，所以他会接着问，咳嗽不咳嗽，流不流鼻涕，身体犯懒不犯懒，甚至还会让我们去验血。最终，他会根据验血报告和各种病症，判断我们得了什么病，然后对症开药。这个过程就是贝叶斯推理。

再比如侦探破案的过程。福尔摩斯第一次看到华生时，就断言华生刚到过阿富汗。他怎么知道的呢？他先是看到华生是医务工作者，却一副军人做派，从而判断他是位军医；又看到华生面色黝黑，但是手腕上的皮肤很白，判断他肯定刚从热带回来；又因为华生面容憔悴，而且左胳膊受过伤，就判断他肯定是历经磨难。综合所有这些信息，一名英国军医，刚从热带回来，历经磨难，还负过伤，那这人肯定是刚从阿富汗回来。根据蛛丝马迹去调整判断、推测真相，这个过程也是贝叶斯推理。

概率是对信心的度量

看完前面的例子，不知道你有没有一个疑问：一个人到底是男是女，不是早就确定了吗？只是我们不知道而已。为什么我们会说对面走过来这人是男是女的概率一直在变呢？换个角度，我们说"这人是女生的概率是 50%"的时候，我们到底是在说什么呢？是说这人是男是女的事实吗？

其实不是。这人的性别早就确定了，要么是男生，要么是女生，不存在百分之几十的性别概率叠加问题。如果找到这人的一根头发，做个基因检测，我们马上就能确认他的性别，做过变性手术都没用。那我们这里说的概率，究竟是什么呢？

其实我们说的是，我们对这个人是女生这个结果的相信程度达到了 50%。注意，是相信程度。相应地，在看到对方的长头发、娇小的体态后，我们对 TA 是女生的相信程度提高了，就提高了这个概率判断。

在贝叶斯的世界里，**概率本质上是对信心的度量，是我们对某个结果相信程度的一种定量化的表达。**

生活里，我们说的很多概率，其实表达的都是我们对某个结果的相信程度。

比如说，一场精彩的球赛看下来，我们总说比赛跌宕起伏、千回百转，其实就是因为场上局势不断变化，我们对比赛结果和某支球队输赢的信心在不断调整。

再比如，当年苹果公司陷入危机，董事会没办法，只能邀请之前被自己踢出去的乔布斯回来。董事会邀请乔布斯回来的时候，他们并不知道乔布斯会怎样重整苹果，更不知道乔布斯能不能带领苹果走出困境。他们只是基于过往的经验，相信乔布斯具有这个能力。你看，还是相信。当时，还有很多人不看好乔布斯呢，这也是一种相信。

其他的，比如我们说明天下雨的概率是多少、我能拿下这个客户的概率是多少、凶手是某某某的概率是多少时，都是在表达一种信心。

回到第 1 章关于概率和随机的内容，我们说概率是对随机事件发生可能性的度量，而概率处理的事件的随机，是一种效果随机。

我们遇到的效果随机其实有两类。**第一类是完全信息的随机性；第二类是非完全信息的随机性，也就是我们因为缺乏信息而不了解的随机性。**好像有点拗口，但其实我一讲你就明白了。

第一类，完全信息的随机性，是指这类随机事件在任何人看来都是随机的。比如，骰子掷出的点数，轮盘停止的位置，一个放射性原子何时衰变。这个骰子、这个轮盘、这类放射性原子在每个人看来都是一样的，所有人了解的信息都是相同的。这类随机事件的概率可以用我们之前讲过的频率法进行度量。因为只要扔足够多次骰子，转足够多次轮盘，观察足够多次原子衰变，就总能对每个随机事件的相对频率做出合理的估计，并由此得到它们的概率。

第二类，非完全信息的随机性，是指对一个事件，不同人了解到的信息是不同的，因此这个事件对不同的人来说是不一样的。这种随机性更狡猾一点，其中的关键在于个体对信息的无知。比如，孕妇腹中的胎儿是男是女？我们都知道胎儿的性别早已确定，只是你不知道，所以你无法确定。而帮你做 B 超检查的医生是知道的，她只是不能告诉你。再比如，人们可以估计未来的某一天北京下雨的概率，但在不同的时间，根据不同的天气信息获取程度进行预测，预测到的下雨的概率是不一样的。而且这些预测都没有办法通过足够多次的重复、通过频率进行估算和度量的。但那一天越来越近，气象台知道的气象数据就会越来越多，信息越来越清晰，下雨的概率就会预测得越来越准确。

对于非完全信息的随机事件，由于信息不足带来的随机性，这时，概率本身就是一种对信心的度量。而这正是贝叶斯推理的用武之地。

贝叶斯推理的两大优势

根据新信息调整概率判断，听起来似乎挺普通的。但其实这是一种非常高明的思维方式，它具有两大优势。

第一，起点不重要，迭代很重要。

就像前面提到的判断男生女生的例子，最开始做出什么判断都没关系，甚至随便猜都可以。也就是说起点不重要，真正重要的是迭代。

贝叶斯不是推理一次就结束了，它是一个不断迭代的过程。每找到一个新信息，就会进行一次推理，得到一个新判断。而下一个信息，要么进一步证实我们的判断，要么削弱我们的判断，从而让我们对之前的判断进行调整。这样不断微调，慢慢地，结果一定会和真实状况越来越接近。

毫不夸张地说，贝叶斯推理得出的结论最后一定会无限逼近真相。

这其实也能给我们一个启示，人生输在起跑线上不要紧，要紧的是你能不能做时间的朋友，不断迭代自己的认知和思维模型。

第二，信息越充分，结果越可靠。

尽可能丰富的信息，是贝叶斯走向准确的最大保障。

比如，人工智能领域最具智能特征、最前沿的方向之一机器，它的底层理论就是贝叶斯推理。为什么谷歌训练人工智能识别猫和狗时，要给它看成千上万张照片？为什么特斯拉的自动驾驶汽车要进行各种路测，千方百计收集用户开车的数据？

就是因为数据越多，可供调整的机会就会越多，计算结果就会越精确，越逼近真相。现在，人工智能识别猫和狗的准确率已经可以达到99%了。

其实，手机的面部识别功能也是基于这一原理。假设手机扫描人的面部后捕捉到40个位点的生物特征，它会记住这些特征。如果下一次扫描一个人的面部时，有38个特征都与之前的相符合，那理由很充分，两次扫描的八成是同一个人的面部，手机就会判断这是手机主人，自动开锁。但如果只有3个特征吻合，那这人是手机主人的概率太低了，手机就会拒绝开锁。

生活里，为什么我们总是寻找新信息、争取信息完备？其实就是为了运用尽可能多的信息，提高判断的准确率，其本质还是贝叶斯推理。

贝叶斯推理告诉我们，起点不重要，迭代很重要，这就需要我们保持充分的开放性并不断积累知识；而信息越充分，结果越可靠，这又要求我们随时调整、不断逼近真相。

每次精进一点，但要不断精进，这样的人可不就越活越通透，越活越聪明吗？

本节思考题

日常生活里，有些人看到喜鹊就开心，看到乌鸦就难受，还有人相信"左眼跳财，右眼跳灾"。你能用贝叶斯推理解释一下这样的行为吗？

扫描二维码
查看解析

5.3 贝叶斯计算：为什么说数据是一种资产

贝叶斯推理的思路非常明晰，就是根据新信息调整概率。但具体要怎么调整，又要调整多少呢？这就要说到贝叶斯计算了。

很多人认为贝叶斯计算特别深奥、难懂，把它当作贝叶斯法的深水区。但事实并非如此。如果我告诉你，贝叶斯计算用到的贝叶斯公式里只有四个数，一个是我们要求的，一个是可以自己设定的，还有两个是要查资料获得的，将这四个数用简单的加减乘除四则运算计算一下就可以了，你还觉得它难吗？

贝叶斯计算真正重要的其实不是计算，而是理解公式背后的原理和思路，这也是我们学习贝叶斯计算的重点。

贝叶斯公式是正确无疑的

我们先来看一下这个十分重要、但并不复杂的贝叶斯公式。该公式是由一位名叫托马斯·贝叶斯（Thomas Bayes）的老先生提出来的。这位老先生的主业是牧师，副业才是研究数学，结果却在数学方面做出了重大贡献，成就之一就是提出了贝叶斯公式。当然，这个公式并不是贝叶斯凭空创造的，而是通过

对条件概率公式做变形得出的。我们知道，条件概率公式为

$$P(B \mid A) = \frac{P(AB)}{P(A)},$$

所以

$$P(AB) = P(B \mid A) \times P(A)。$$

改变上式中 A 和 B 的顺序得到

$$P(BA) = P(A \mid B) \times P(B),$$

$P(AB)$ 是 A、B 同时发生的概率，和 $P(BA)$ 是一样的，两个式子左边相等，所以右边也相等。于是就得到了著名的贝叶斯公式：

$$P(A \mid B) = \frac{P(B \mid A) \times P(A)}{P(B)},$$

其中，$P(A \mid B)$ 表示在现象 B 出现的条件下，事件 A 发生的概率；

$P(B \mid A)$ 表示事件 A 发生时，现象 B 出现的概率；

$P(A)$ 表示事件 A 发生的概率；

$P(B)$ 为现象 B 出现的概率。

简单来说，**现象 B 出现的情况下事件 A 发生的概率，等于事件 A 发生时现象 B 出现的概率，乘以事件 A 发生的概率，再除以现象 B 出现的概率**。

公式记不住不要紧，推荐你做个小卡片放在兜里，需要时随时拿出来看看。用小卡片帮助记忆一点儿不丢人。爱因斯坦就记不住水银密度的数值，被中学生问到时当场说自己不记得；美国的实习医生也都是随手拿着平板电脑，随时查阅。

总之，贝叶斯公式一共就涉及四个数，计算过程就是用右边三个概率数求左边的概率。

贝叶斯公式刚提出来的时候，并没有引起太大的轰动；反

而是贝叶斯去世了之后，人们才越来越发现这个公式十分好用。原因很简单，它能解决逆概率问题。逆概率问题那么多，总得通过计算来解决吧？就像计算三角形面积需要面积公式一样，计算逆概率问题也需要一个公式，也就是贝叶斯公式。

贝叶斯公式的伟大意义就在于，对于逆概率这种难搞的概率问题，我们从此有了简洁的计算公式。

总之，记住一句话——从数学上说，贝叶斯老先生并没有发明任何东西，他只是对条件概率公式做了简单的变形。条件概率公式是正确无疑的，所以贝叶斯公式也一定是正确无疑的。

先验概率可以任性设置，调整因子必须客观

解决了贝叶斯公式的正确性问题和目的性问题，我们再来解决它的操作性问题。要想真正理解贝叶斯公式，我们就得对它做一个拆解，知道它每一部分都代表什么。

拿酒驾这件事来说。我们都知道，酒驾是很危险的，那一个人酒驾时出事故的概率到底是多少呢？

现在，我们对照贝叶斯公式，回顾一下贝叶斯推理的过程——根据看到的新现象或信息调整随机事件的概率，两相对照，你就明白公式里每一部分都代表什么意思了。对照贝叶斯公式

$$P(A \mid B) = \frac{P(B \mid A) \times P(A)}{P(B)},$$

在这个例子中，B 就是看到的新现象或者新信息，也就是酒驾；

而 A 就是和现象 B 相关的随机事件，也就是出现交通事故。

自然地，公式的左边 $P(A\mid B)$，就是在酒驾的情况下发生交通事故的概率。这是我们要求的，不多说。

公式的右边 $P(A)$ 就是发生随机事件 A 的概率，也就是出现交通事故的概率。这个概率又叫"先验概率"。"先验"就是先于经验，"先验概率"就是在看到新现象、重新计算之前，基于经验，甚至主观猜测得到的概率。

既然是基于经验和主观猜测得到的，那先验概率当然就可以任性设置。就像前面提到的，判断迎面而来的人是男是女时，最开始，这个概率的设置并不重要，50%、60% 或者 70% 都可以。毕竟，贝叶斯推理是一个反复迭代的过程，后面总能通过一次次调整，一步步逼近真相。

不过话说回来，虽然先验概率的设置可以任性，但如果和真实情况相差太远，肯定要经过更长的计算过程才能获得相对靠谱的结果，事倍功半。所以，还是越贴近现实越好。设置先验概率时可以遵循以下三个原则。

第一，相信历史数据。比如判断一支球队和另一支球队比赛时获胜的概率，最好是去看它和这个对手的历史比赛数据；如果没有这个数据，就去看它最近和其他对手比赛的数据。

第二，参考专家意见。如果很难找到历史数据，那就去寻找专家的意见。

第三，平均设置概率。如果既找不到历史数据，又找不到专家，就可以平均划分概率，这样总不至于偏得太离谱。

说完了 $P(A)$ 这个先验概率，我们再看公式右边的 $P(B \mid A)$ 和 $P(B)$。这两个数叫作"调整因子"。在酒驾的例子里，$P(B)$ 就是人们酒驾的概率，而 $P(B \mid A)$ 就是在出现的交通事故中司机酒驾的概率。比如，每10起交通事故中，平均有3起的司机是酒驾的，那 $P(B \mid A)$ 就是30%。

这里一定要注意，$P(B \mid A)$ 和 $P(B)$ 这两个数一定得是客观的，必须找到具体的客观值，而不能拍脑袋随便设定。

有多少人上路行驶，有多少人酒后驾驶，又有多少交通事故里司机是酒驾的，这些数据我们都不清楚。不清楚就要去查，可以去交通部门、国家统计局等权威部门查统计资料。只有查过资料，才能客观地确定调整因子的大小。

关于交通事故中有多少司机是酒驾的，这很好查，拉出交通事故的数据单一查就知道了。开车上路的平均事故率也不难查，交通部门都会统计。

真正困难的是确定酒驾的概率，因为酒驾有人被查到了，有人没被查到，这怎么计算呢？其实，有一个替代数据可以参考，就是交警经常组织的酒驾检查的结果。你可以把它想象成随机抽样，用检查到的酒驾司机的数量除以检查车辆的总数，大致就是酒驾的概率。

总之，贝叶斯公式一共就涉及四个数，左边的数是我们要求的，右边一个数是可以随意设定的先验概率，另外两个数是必须客观的调整因子。通过数据、资料确定调整因子是计算的关键。有数据的，计算结果就准确，如果瞎猜或者没有准确数据，就很可能会越算越错。

根据结果改变调整因子

贝叶斯计算的难点不在于计算本身，而在于寻找客观数据、确定调整因子。

有些数据虽然找起来费劲，但只要下功夫，就肯定能找到。但有些数据，我们完全不可能找到。比如表白这件事，如果你问我："刘老师，我如果对一个女孩表白，期间女孩一直深情地盯着我，请问我这次表白成功的概率是多少呢？你不是说贝叶斯公式很万能吗？能不能帮我算算？"不好意思，这没法算。

在这个例子里，现象 B 是女孩一直盯着男孩，随机事件 A 是表白成功。我们要求的是发生了表白过程中女孩一直盯着男孩的现象后，男孩表白成功的概率。$P(B)$ 就是女孩一直盯着男孩的概率，而 $P(B \mid A)$ 是在所有表白成功的案例里，女孩一直盯着男孩的概率。很明显，这些根本没有人统计过，压根儿找不到数据，自然就没法算。

在处理类似的问题时，就不能生搬硬套使用贝叶斯公式，因为算也是瞎算，甚至可能越算越错。也正是因为这类问题目前不能准确计算，只能靠经验评估，所以一些所谓的"情感专家""恋爱高手"才那么有市场。

不过对于这些问题，数学家也有办法，就是利用机器学习。它的思路是反着来的。拿让人工智能识别猫和狗来说，我们给它看成千上万张照片，告诉它"这只是猫""那只是狗"。注意，一定要告诉人工智能真实结果。只有这样，人工智能才会根据结果反过来改变调整因子，最终让调整因子逼近现实，从而得到越来越靠谱的判断。这个不断看照片的学习过程，就叫"大数据训练"，或者叫"大数据喂养"。

为什么我们说在大数据时代，数据就是一种资产？因为只有拥有足够多的、多维度的数据，我们才能通过贝叶斯公式不断计算出某一件事情的概率。有了足够多的概率，我们才能知道你现在可能喜欢什么商品，喜欢什么歌曲，喜欢什么节目，才能知道你说的话对应什么文字，这些文字大概是什么意思，这幅图片里有什么等，才能知道某种情况有多大的风险，风险对应的收益有多大，金融产品该怎么设计和定价等。

要知道，科技金融的本质已经从人对金融的理解，变成了通过数据对风险进行发现，通过概率对风险进行定价，通过金融工具对风险进行转移。

而对于一些更极端的概率问题，比如疫情什么时候结束，第三次世界大战什么时候爆发，下一次金融危机什么时候出现等，这时候连基本的数据都没有，我们该怎么办呢？

老实说，没有太好的方法。不过瑞·达利欧（Ray Dalio）在《原则》（*Principles*）这本书里提到的一个决策方法可以借鉴，就是赋予每个人决策的权利，然后给每个人的判断赋予不同的权重，专家的权重高一些，普通人的权重低一些，最后把所有人的判断结果加权求平均。这个方法或许不能保证正确，但一般不会错得很离谱。

本节思考题

　　乳腺癌是一种很常见的疾病，假设发病率是25%。小叶在医院进行乳腺癌检查时，发现结果是阳性。我们知道，检查结果会有误差，已知乳腺癌检查的准确度是90%，那么小叶患乳腺癌的概率是多少呢？

扫描二维码
查看解析

第6章

不同概率学派的争论

作为一个客观的数学公式，贝叶斯公式里的先验概率 $P(A)$ 竟然是可以随意设定的，这相当于在一个客观的公式里引入了主观因素。这样的设置可行吗？主观与客观的界限，又在哪里呢？

在了解了贝叶斯公式的简洁，以及贝叶斯法有那么广泛的应用之后，你心里肯定会有一丝丝的不安：先验概率竟然可以随意设置，这靠谱吗？概率竟然没有一个确定的值，一直变来变去的，这也太随意了吧？怎么一点儿确定性都没有呢？

其实不光你有这个疑惑，数学家们也一直有这样的争论。频率学派就经常诟病贝叶斯学派："这么主观，这还是数学吗？你看我们频率法，用的是客观试验的数据，又有大数定律和中心极限定理这两个黄金定理的加持，这才是数学嘛。"

现在问题来了，用频率法得到的就是客观概率，就代表客观吗？用贝叶斯法得到的就是主观概率，就充满了主观性吗？这一章，我们就来探究这个问题。

两种方法都完全正确

为了讲清楚这个问题，我们先看一个很好玩的游戏——三门问题。

三门问题源于美国一个现场游戏的电视节目。游戏是这样的：你面前有 A、B、C 三扇门，其中一扇门后面停着一辆轿车。你需要在这三扇门中任选一扇。如果打开的门后有轿车，那轿车就归你了。

三个选一个，这我们都知道，中奖概率就是 $\frac{1}{3}$。不过，这个游戏有一个很有意思的环节：在你做出选择之后，主持人会从剩下的两扇门中选一扇门打开。注意，打开的这扇门背后一定没有汽车。所以，这相当于为你排除了一个错误选项。现在给你一次更换选择的机会，你可以坚持最初的选择，也可以换一扇门打开，你要不要换？

答案是一定要换。因为如果不换，你中奖的概率还是 $\frac{1}{3}$；如果换了，中奖的概率就变成了 $\frac{2}{3}$。

对于这个问题，最简单的类比就是假设有 10000 张彩票，其中有 1 张有奖，你先选 1 张。然后，主持人在剩下的 9999 张中选 1 张留下，将剩下的 9998 张全部撕碎，并且告诉你撕碎的彩票里没有中奖的。这时候，你应该改选主持人留下的那一张，还是坚持自己最初选的那一张呢？这就相当于有两个袋子，一个袋子里装了 1 张彩票，另一个袋子里装了剩下的 9999 张彩票，不管对那个装了 9999 张彩票的袋子做了什么操作，那个袋子中有中奖彩票的概率都更大，因此当然是换彩票后中奖概率更大。

对于这个问题，刘润老师、吴军老师都讨论过，详细的内容你可以去得到 App 听他们的课，这本书更关注频率法和贝叶斯法分别是如何解决这个问题的。

频率法会怎么做？当然是大量试验，模拟一万次这种情况，看看换门和不换门各自中奖多少次。当然，这个试验不用你做了，我已经写好程序替你模拟完了。最后的结果是，不换门中奖的概率确实仍然是 $\frac{1}{3}$，而换门后中奖的概率上升到了 $\frac{2}{3}$。

贝叶斯法呢？当然是用贝叶斯公式计算一下。

事件 A 是 A 门有汽车，所以先验概率 $P(A)$ 就是汽车在 A 门后的概率，很明显，等于 $\frac{1}{3}$。

现象 B 是额外增加的信息，就是主持人打开 B 门。$P(B)$ 就是主持人打开 B 门的概率。这个计算起来略有点麻烦，得分三种情况考虑：

（1）如果 A 门后有汽车，主持人打开 B 门的概率是 $\frac{1}{2}$；

（2）如果 B 门后有汽车，主持人不会打开 B 门，所以这时打开 B 门的概率是 0；

（3）如果 C 门后有汽车，主持人只能打开 B 门，所以这时候打开 B 门的概率是 1。

以上三种情况各占 $\frac{1}{3}$，所以

$$P(B) = \frac{\frac{1}{2}+0+1}{3} = \frac{1}{2}。$$

$P(B \mid A)$ 就是如果汽车在 A 门，主持人打开 B 门的概率。因为汽车在 A 门后，主持人只有 B 门和 C 门两个选择，所以 $P(B \mid A)$ 就是 $\frac{1}{2}$。因此

$$\frac{P(B \mid A)}{P(B)} = \frac{\frac{1}{2}}{\frac{1}{2}} = 1，$$

故

$$P(A \mid B) = P(A) \times \frac{P(B \mid A)}{P(B)} = \frac{1}{3} \times 1 = \frac{1}{3}，$$

也就是说，不换门（仍然选择 A 门）中奖的概率是 $\frac{1}{3}$，换门（改选 C 门）中奖的概率是 $\frac{2}{3}$。

你看，贝叶斯法计算出的答案和频率法得到答案是一样的。这就说明，起码在正确性上，两种方法并不是势同水火的关系，

它们都是完全正确、完全有效的，没有什么本质的区别。

贝叶斯法和频率法的区别

既然两种方法都是正确的，频率学派和贝叶斯学派到底在争什么呢？两种方法的区别到底在哪里呢？

其实，频率法和贝叶斯法最大的差异就是两种方法的假设不一样。我们举一个小学数学题的例子：树上有7只鸟，你开枪打中1只，问现在树上还有几只鸟？

我估计你大概率会说，0只，你早听过这个脑筋急转弯问题。而我5岁的女儿会回答，还有6只，因为对她来说，这就是一道简单的数学题。

但是，答案真的只有这两个吗？

如果我告诉你，有两只鸟飞不起来，那树上还有几只鸟？

如果我再告诉你，还有1只鸟根本没有听觉，那树上还有几只鸟？

如果我继续告诉你，其实有3只鸟被关在笼子里挂在树上，那树上还有几只鸟？

如果我最后告诉你，枪根本没有杀伤力，打中鸟后鸟一点儿反应都没有，那树上还有几只鸟？

我给出这些条件当然不是为了跟你抬杠，而是想告诉你，前提假设不同，信息和条件不同，结果就会完全不一样。

我们做的物理题中，都有基本的、约定俗成的假设，比如不考虑空气阻力，不考虑滑轮的摩擦力，没有说的条件就不存在等。频率法处理问题的思路和这种假设很像，即认为一切信息是全知的，一定存在一个对所有人来说都正确的唯一答案。所以对于三门问题，频率法会坚定地认为，一定要换，换了后中奖的概率更大。

但是，现实世界的问题不是理想化的题目。回到三门问题，你想象这样一个场景：算完了三门问题，我突然告诉你，我认为当主持人打开B门的时候，A门和C门中奖的概率是一半对一半，而不是你算出来的 $\frac{1}{3}$ 对 $\frac{2}{3}$。这时候，你是怎么想的？

如果你说，刘老师，你算错了，我试验做完了，真的是 $\frac{1}{3}$ 对 $\frac{2}{3}$。那么，你就真的是使用频率法的。

使用贝叶斯推理的人会怎么说呢？他应该会微微一笑对我说，刘老师，快点告诉我，还有什么你发现的信息是我不知道的？

要知道，你就在游戏的现场，周围各种信息会汹涌而来。

比如，在选择了A门后，你敏锐地发现，主持人打开B门时有一瞬间的犹豫。这时你就会分析，如果C门后有奖品，主持人会毫不犹豫地打开B门。他之所以犹豫，其实是在临时决定到底是打开B门还是打开C门。所以，B和C这两个门后一定都没有奖品，奖品就在自己选择的A门后，这时就不要换。

又比如，你在电视台工作的表弟告诉你，为了避免在临时决定的情况下被人看出犹豫，主持人在上台前就确定好了遇到什么情况立即打开哪扇门。你想一下，如果主持人提前准备好了根据汽车所在的位置来决定打开哪扇门，比如是 B 门，并预先反复练习，以保证在现场不被游戏参与者看出任何异样，那中奖概率就又有变化了。

我们注意到，三门问题中贝叶斯计算有两个假设。第一个，将三个门后有汽车的先验概率都设定为 $\frac{1}{3}$，这一点大家都没有反对意见，这不仅符合概率论的基本假设，也符合现实状况。但关键问题是，主持人会打开哪扇门的条件概率的设定存在随意性。如果你最初选择的 A 门后面有汽车，在整个计算中，我们都会假设，主持人打开 B 门和 C 门的概率各占一半。但如果主持人事先准备好了，如果在游戏参与者选择了 A 门且 A 门后有汽车的情况下，就打开 B 门。这样一来在贝叶斯法衡量证据的第二步，就发生了变化。这时候，主持人不再是随机选 B 门或者 C 门了，而是 100% 选择 B 门。这时候，坚持选择和换门的概率都变成了 $\frac{1}{2}$。据说，该节目的主持人蒙蒂霍尔真的这么练习过。

这只是其中一种情况，而现实节目中可能还会有各种各样的情况。面对各种不同的情况，我们还能用频率法吗？当然不能了。因为这样的情况太多了，我们没法针对每一种情况都用计算机模拟 10000 次。这时候，我们只能用贝叶斯法，即随着新的条件和新的信息的加入，不断调整自己的判断。

通过分析三门问题，可以明白一点：因为对信息的预设不同，频率法和贝叶斯法解决的就不是一类问题。

频率法解决的概率问题更像我们做的物理题，题目必须有明确的、严格的前提约束，严格界定好所有的条件。而且，频率法假设信息是全知的，每道题都有一个对所有人而言都正确的答案。所以频率法处理问题的思路是通过反复的试验，不断逼近最终的那个客观概率。试验过程不重要，达到最终那个客观的结果才重要。

贝叶斯法解决的概率问题则是不断变化的问题，解题过程也是一个动态的、反复的过程，每加入一个新信息，都要重新进行计算，获得一个新的概率。

贝叶斯法没有什么限制条件，只是在这一次次获得新信息、重新计算的过程中迭代自己的判断。它甚至不认为现实中的事情都有正确答案，因为所谓答案，也是在不断变化的。

打个比方，频率法解题就像下围棋，对局双方都能获得完全信息，也就是每个人都能看到双方棋局的全貌。在某个时刻，一定存在一个最优解，而且对下棋双方而言都是一样的。贝叶斯法解题更像打麻将，你只能看到自己的牌，但看不到别人的牌，参与者获得的是非完全信息。根据局势的不断变化，每个人都会根据自己获得的信息来决定怎么打，也许有不一样的最优解和打法。

当然，拓展开来频率法和贝叶斯法还有一点本质的差别，就是方法和结论的差别。这一点稍微有些复杂。

经常用来和贝叶斯法进行比较的是假设检验。假设检验本质上就是一种基于频率法的逆概率计算。前面讲过，假设检验有个显著性标准的设置，常见的是5%。在进行假设检验时，要先假设某个结论正确，但如果出现了小于5%的小概率事件，就认为这个结论是错误的。但假设检验有一个非常重要的性质，就是必须有一个确定的结果：要么推翻假设，要么无法推翻假设，要么是0，要么是1，结果是明确的。当然，无法推翻假设不代表假设是正确的，只是根据现有数据无法做出判断。

打个比方，一名学生没交寒假作业，理由是在上学的路上丢了。作为老师，基于假设检验，你要怎么判断他寒假作业有没有做？你得首先假设他做了寒假作业，但做了寒假作业且将作业丢在路上没带到学校是个小概率事件，比如小于5%，所以，推翻假设，你"相信"他寒假作业没做，你得出的是一个确定性的结论。当然，你也可能判断错误，判断错误的风险是5%，这里的5%是针对这种判断方法可能产生的风险。是那个"相信"的判断标准错误的风险，而不是他有没有做寒假作业的概率。

贝叶斯计法算得出的结果则直接针对结论。你通过这名学生的一贯表现得到一个先验概率，再考核他给出的理由对调整因子进行估算，得出的就是这名学生没做寒假作业的概率。这不是一个是或者否的结论，它本身就是一个概率。

这是频率法和贝叶斯法之间最本质的差别。

共同解决现实问题

明白了两种方法的联系与区别，我们再回到开头的问题：频率法得到的就是客观概率，就代表客观吗？贝叶斯法得到的就是主观概率，就充满了主观性吗？其实，没有这么简单。

确实，贝叶斯法的先验概率可以随意设置，有一定的主观性。但它就完全是主观的吗？贝叶斯公式是根据条件概率公式变形得来的，是经过了严密的数学推导的，是绝对客观、正确无疑的。难道这还不够客观吗？

同时，虽然频率法一直强调自己是客观的，但它的前提假设是一切信息全知，甚至约减了一切看起来不那么重要的条件。可是，信息全知这个假设是谁告诉我们的呢？这不是我们主观认为的吗？这难道不是一种很强的主观性吗？

确切地说，频率法和贝叶斯法都是基于严格的数学证明和推导得来的，都是客观的，但在使用的过程中，都会或多或少地产生主观性。

说实话，主观、客观属于哲学讨论的范畴，是认识论的基本问题。在当今数学领域，应用数学家基本不太讨论这些问题，而是两种方法都用，哪种好用就用哪种。

不管是在过去，还是在大数据技术非常火的现在，频率法都非常有用，甚至在很多领域中可能都是最好的方法。它特别适合解决那些普遍的、通用的、群体性的问题，比如抛硬币、玩德州扑克的问题，或者计算生育率、患病概率、飞机失事率等。毕竟对于这类问题，得到最终那个普适的概率值就好了。

贝叶斯法更适合解决变化的、个体的、无法重复的概率问题，比如明天比赛某球队获胜的概率、发生金融危机的概率，以及人工智能这些技术中的问题等。毕竟它衡量的就是信心，而且它就是通过搜集不同的信息，不断调整、迭代来解决问题的。

在更多的时候，两种方法并不是泾渭分明的，而是混合着使用的。比如有些时候，我们会先用频率法获得先验概率，再用贝叶斯法计算某个证据的权重。这时候，频率法就是贝叶斯法的前提，为贝叶斯法提供相对靠谱的先验概率。有些时候，贝叶斯法又能为频率法提供原始的估算，方便频率法在茫茫的噪音中快速定位问题。这时候，贝叶斯法又为频率法提供了支撑。

在人工智能领域，如语音识别和翻译技术，在主体方法上都采用了贝叶斯法，但在具体的词频计算上，又都无一例外地使用了频率法。

比如，判断拼音pingguo代表的词语究竟是苹果公司的"苹果"，是水果中的"苹果"，还是平底锅的"平锅"时，就用到了贝叶斯法。不同的pingguo在所有语料库中出现的整体概率就是先验概率，而出现在pingguo上下文中的词，比如"科技"，我们要计算这个词和不同意思的pingguo共同出现的概率，并将其作为调整因子，用来调整pingguo这个拼音究竟是什么词的概率。这就是自然语言处理最基础的原理。

本质上，一个词出现的概率取决于两个因素：本身出现的概率，以及与上下文出现的词共同出现的概率，这是典型的贝叶斯计算的逻辑。但其中每一个具体的概率，都是通过训练集的词频得出的，而这就是频率法的工作了。

再比如，在大范围的基因研究中，使用贝叶斯法可以得知，对2000个基因效应的检测几乎相当于2000个平行试验。于是研究人员可以将试验结果进行交叉对比，使用其中的部分结果建立一个先验判断，并用这个先验判断验证其他结果，最后进一步使用频率法分析、检验最终结论。

这两种方法的共同使用，几乎改变了人工智能技术和基因数据分析技术。

除了在相关科学技术领域的广泛应用，我们在第1章讲过，概率论只能解决随机性的问题，解决不了黑天鹅这样不确定的事件。但是针对黑天鹅事件，贝叶斯法的处理思路更倾向于优化，它更容易敏锐地发现从未发现过的证据，并对证据进行相应的权重计算。因此，在面对黑天鹅问题时，贝叶斯法比频率法更敏锐。贝叶斯法的这一处理思路也被不断地应用在金融领域，比如对风险的识别和定价上。

也许很多年以后，数学家能做出突破，将频率法和贝叶斯法融合为一个统一的理论。但现在，用好它们就行了。

频率法和贝叶斯法就像概率论的两个儿子，虽然两兄弟性格不同，但它们常常合作解决现实问题。这就叫"兄弟同心，其利断金"。

本节思考题

在你的认知里，还有没有什么既存在明显差异，又可以融合去解决问题的方法呢？

扫描二维码
查看解析

第7章

提高概率思维的三大原则

我们在序章中讲过，概率论的本质就是把局部的随机转化成整体的确定性。虽然这个世界充满随机和不确定性，但它有一个逃不开的规律——整体的确定性。而对抗随机、收获确定性的方法，就是学习概率论，提高概率思维。让我们一起用概率论的力量，对抗世界的随机。

前面6章的内容，我们一起完成了一场有关概率论的"修炼"：不仅学习了随机、概率、独立性这些基石性的概念，掌握了大数定律和概率分布，还了解了概率论的两大学派——频率法和贝叶斯法。不夸张地说，现在你已经掌握了概率论里的"外功招式"。

但是，只有这些招式是不够的。在具体的招式之外，我们还需要修炼"内功心法"。所以在最后一章，我想教给你概率思维的三大原则。内外兼修，不断提升自己的能力，你就可以"下山"了。

原则一：对抗直觉，能算就算

2019年，得到App的另一门课程"基因科学20讲"的主理人仇子龙老师，曾跟我讨论过一个上海车牌摇号的问题。

上海的汽车牌照要通过摇号获得，每个月一次，中签率很低，只有5%左右。所以逐渐出现了一个帮忙代拍车牌的灰色产业。据说代拍者有特殊关系，能把摇号的中签率从5%提升到50%，保证你能在三个月内中签。理所当然，他们要收2万元的代理费。一辆车按20万元来算，只要增加10%的成本，就能很快开上车了，不用摇很久的号，看上去这2万花得还挺值的。

而且，你还不用担心吃亏。他们怕人不相信，还做出了惩罚性的保证——如果三个月没有中签，不仅会把2万元的代理费全部返还给你，还会再赔你800块钱。听上去是不是很靠谱？很多人就会想，敢这么承诺，说明这些人确实有门路吧？而且即使没中签，也不会有什么损失，甚至还能赚点钱，为什么不试试呢？

现在问题来了，这事真的靠谱吗？代拍者真的有关系，能提高中签率吗？

其实，这是一个非常简单的概率问题，不过需要我们动手算一下。

我们先假设代拍者没有任何门路，看看他干这件事亏不亏。正常摇号的中签率大概是5%，那连续三个月都不中签的概率就是 $(1-5\%) \times (1-5\%) \times (1-5\%)$，大约是86%，所以三个月内能中签的概率大约是14%。假设有100个人来找他，平均会有14个人中签，每个人收2万元的代理费，共收入28万元。另外86个人没中签，每个人赔偿800元，共支出6.88万元。这样，28万收入减6.88万元支出，在没有任何门路，也完全没有提高中签率的情况下，就能赚21万多。

那么，对不中签的客户赔偿多少，代拍者才是不赚不赔的呢？简单算一下就能知道，大概是3256元。也就是说，如果中签收2万，不中签的赔偿超过3256元，我们才能相信他是真的有关系，真的能提高中签的概率。但很明显，没有哪家代理机构对不中签客户的赔偿能超过这个数。所以，这件事完全不靠谱。

这些人什么都不用做，在家里打几个电话就把钱挣了，而且挣得还不少。他们靠什么赚钱呢？靠的就是信息差——你不懂概率，而他们非常了解概率。如果你真的找了他们，交的 2 万元就完全是智商税了。

　　之所以说这个故事，其实就是想让你明白概率思维的第一个原则——对抗直觉，能算就算。遇到很多概率相关的事情时，不要相信自己的直觉，只要动笔简单算一算，很容易就能得出结论。

　　人脑天生是一个贝叶斯大脑，直觉是我们最快捷的概率计算器。经过千百万年的自然选择，我们凭直觉就能既快速又精准地估计一些事情的概率。比如，我们天生就知道遇到老虎时虎口逃生的概率很小，所以对老虎的吼声充满恐惧。但最近几百年，人类社会飞速发展，我们凭直觉判断很多事时，准确性越来越差。

　　行为经济学、认知科学里有很多反直觉的套路。究其原因，就是很多情况下用直觉错判了一件事的概率。这时候，我们要做的就是遏制直觉的冲动，去寻找数据，用概率公式计算一下，然后根据计算结果做判断。能通过计算来对抗直觉，你就拥有了一个概率专家的基本素质。

原则二：寻找条件，增大概率

　　在生活里，并不是所有问题都要精确地计算出结果。对于日常决策来说，70% 的概率和 73% 的概率有什么本质区别吗？其实没有，人脑很难分辨这些细小的差别。但 30% 的概率和

70%的概率的差别，我们肯定能分辨，一个是小于50%、发生的可能性较小的小概率，一个是大于50%、发生的可能性很大的大概率。

要增大概率，就需要满足一定的条件，而寻找到这些条件，则是我们应该关注的。

2020年，网上有一个涉及航空延误险的案子引起了大家的关注，大概的情况是：一个人专门挑选延误率比较高的航班购买机票及航空延误险，一旦航班延误，就向保险公司索赔。在那个人的笔记中，航班的延误时间、投保的保险公司、索赔的金额，一条条都记录得清清楚楚。从2015年至案发，共实施航空延误险理赔近900次，获得理赔金近300万元。

我们不谈这个案子的法律问题，只从概率的角度来看一下，她是怎么成功预测了这么多次航班延误的。答案很简单，前面介绍条件概率时讲过，就是寻找影响这件事的关键条件。

对于航班来说，导致它延误的因素很明晰，主要就是天气情况和航班走向。天气情况很好理解，遇上暴雨、大雪，飞机不能正常起飞，必然就会延误。那航班走向是什么意思呢？一架飞机一天往往要飞三四次。比如，早上从南京飞成都，中午从成都飞昆明，下午从昆明飞回成都，晚上再从成都飞回南京。所以相应地，只要前三班航班有延误，晚上从成都飞回南京的这一班延误的概率肯定就非常大。这就是条件概率。

航班延误的整体概率是比较低的，可能只有10%；但如果是累积航班，最后一班延误的概率可能就会上升到30%；如果当天昆明大雨，最后一班延误的概率可能就会上升到 50%；如果当天不仅昆明大雨，成都也大雨，昆明到成都的航班延误了三个小时还没有起飞，那最后一班从成都到南京的航班，延误就几乎是板上钉钉的事了。

虽然航班延误的整体概率并没有变化，但随着新信息、新条件的加入，最后一班航班延误的概率会不断变化。如果你能找到这些影响延误的条件、信息，预测的准确率就会高很多。

生活中，几乎所有涉及个体的决策都是如此。一件事想要成功，就要找到对成功影响最大的那些条件。换句话说，想要成功，就找到能将概率最大化的条件。

比如对创业来说，成功的平均概率可能只有 1%，但如果你满足了拥有关键技术、找到了蓝海领域、采取了差异化竞争策略等条件，成功的概率就会大大增加；对工作来说，想要搞定客户，就要寻找在什么条件下客户会最满意；当下热门的新商业方法论增长黑客①，其实就是通过数据去寻找导致转化的各种条件，从而提高产品的转化率。

这些都体现了概率思维的第二个原则——寻找条件，增大概率。

---

① 增长黑客本质上是一种精准的、低成本的、高效率的营销方式，其精髓在于通过快速测试和迭代，以极低的成本甚至零成本获取并留存顾客。

原则三：相信系统，长期主义

如果寻找到的条件不足以大幅度地提高一件事的成功率，而只能让我们获得一些微弱的优势，比如只能让成功率提高到55%。也就是说，这件事仍然有一半的可能性会失败，这时候该怎么办呢？

这就要说到概率思维的第三个原则——相信系统，长期主义。

还记得网上那个"励志鸡汤"图（图7-1）吗？1.01的365次方和0.99的365次方的区别非常大，每天进步一点点，一年后你的进步会非常大，远大于1；而每天退步一点点，一年后你将被人远抛在身后。虽然这是一个"鸡汤"，但不得不说，它是有一定道理的。

$$1.01^{365}=37.8$$

$$0.99^{365}=0.03$$

图7-1　1.01的365次方和0.99的365次方

两个表面上看起来相差无几的概率，只要加入时间这一个变量，长期结果就会大不一样——哪怕只有1%的概率优势，长期来看，也会形成赢者通吃的局面；而只要有 1% 的概率劣势，长期来看，输光也将是个必然的结果。像保险公司，以及被很多投资者奉为圭臬的价值投资理论，本质上都是基于这个道理。

举个例子。就说林丹和李宗伟这对羽坛宿敌吧，我们知道，羽毛球的常规打法是，对手杀球我就回近网球，让对手跑动来接球。但是李宗伟的控网能力特别强，你回他近网球，反而适合他发挥优势。于是，林丹就不按常规打法来，而是疯狂训练回远网球。虽然林丹的这种打法让李宗伟跑动少了，放弃了一些自己的优势，但是也让李宗伟丧失了自己的控网优势。不计较细节得失，一直坚持打下去，最后林丹能一直赢李宗伟。这就是相信系统的力量。

篮球领域也有一句名言——"训练时，用正确姿势投丢的球比用错误姿势投进的球更有价值。"这句话体现的就是相信系统，坚持长期主义。用错误的姿势投球，可能某一次凑巧进了，但只有用标准的姿势反复练习，把这个姿势固定成肌肉记忆，才能真正提高自己的命中率。

所谓的科学决策其实是说，一个决策系统只要有概率优势，我们就要长期坚持，相信系统，不必在乎单次决策的随机结果的好坏。

学习也都是如此。你流的每一滴汗，读的每一本书，都会一点点地改变你的身体，改变你的认知。这些微小的改变，这些微小的概率提升，在时间的作用下都能被无限放大。得到

App创始人罗振宇说，"做一件事，一直做，等待时间的回报"，其实就是这个道理。

更进一步，你要知道决策系统也不是一成不变的，比如出现网红产品、爆品等，这是很多因素叠加在一起的结果，是一个随机事件。没有一个设计原则、决策系统能够确定无疑地打造出爆品。同时，世界、买家、需求都是不断变化的，不必去痴迷一个长久有效的决策模型，一个一劳永逸的决策方法。爆品不是设计出来的，而是演化出来的。我们需要的是不断调整决策模型，通过数据、概率和快速迭代，给爆品一个生长的土壤。

与之相似，数字化转型的本质不是建设一套信息系统，而是通过数据不断驱动，快速迭代，不断调整企业的决策模型。

站在当下，未来任何事都只是一个概率。所谓坚持，所谓努力，其实就是寻找一个大概率的方向，根据信息不断调整你的方向，并相信系统，相信长期主义。当然，你得坚持住，等到"长期结果"的到来。

得到讲义系列

让所有专业知识变得好读

得到讲义系列，用深入浅出的语言，为读者系统全面地了解一个学科，提供解决方案。任何高中以上文化的读者，都可以读懂这套书。

◎ 《薛兆丰经济学讲义》　　　　薛兆丰 / 著

◎ 《薄世宁医学通识讲义》　　　薄世宁 / 著

◎ 《陆蓉行为金融学讲义》　　　陆　蓉 / 著

◎ 《贾宁财务讲义》　　　　　　贾　宁 / 著

◎ 《香帅金融学讲义》　　　　　香　帅 / 著

◎ 《刘擎西方现代思想讲义》　　刘　擎 / 著

◎ 《吴军数学通识讲义》　　　　吴　军 / 著

◎ 《吴军阅读与写作讲义》　　　吴　军 / 著

◎ 《李育辉组织行为学讲义》　　李育辉 / 著

◎ 《刘嘉概率论通识讲义》　　　刘　嘉 / 著

◎ 《张明楷刑法学讲义》　　　　张明楷 / 著

◎ 《董梅红楼梦讲义》　　　　　董　梅 / 著（待出）

◎ 《王立铭进化论讲义》　　　　王立铭 / 著（待出）

更多学科讲义正在解锁中⋯⋯

图书在版编目（CIP）数据

刘嘉概率论通识讲义 ／ 刘嘉著 ． —— 北京 ：新星出版社，2021.8
（2023.9 重印）
ISBN 978-7-5133-4605-4

Ⅰ．①刘… Ⅱ．①刘… Ⅲ．①概率论 Ⅳ．① O211

中国版本图书馆 CIP 数据核字（2021）第 158672 号

刘嘉概率论通识讲义

刘嘉　著

责任编辑：白华昭
策划编辑：郗泽潇　王青青
营销编辑：吴　思 wusi1@luojilab.com
封面设计：李　岩　柏拉图
责任印制：李珊珊

出版发行：新星出版社
出 版 人：马汝军
社　　址：北京市西城区车公庄大街丙 3 号楼　100044
网　　址：www.newstarpress.com
电　　话：010-88310888
传　　真：010-65270449
法律顾问：北京市岳成律师事务所

读者服务：400-0526000　service@luojilab.com
邮购地址：北京市朝阳区华贸商务楼 20 号楼　100025

印　　刷：北京盛通印刷股份有限公司
开　　本：880mm×1230mm　1/32
印　　张：7.5
字　　数：150 千字
版　　次：2021 年 8 月第一版　2023 年 9 月第五次印刷
书　　号：ISBN 978-7-5133-4605-4
定　　价：69.00 元